KB269696

광고 속에 숨어 있는 과학

광고 속에 숨어 있는 과학

글 **최원석** | 그림 **이부용**

살림Friends

과학의 눈으로 광고를 읽다

여자 친구에게 옷을 벗어주는 남자가 여자 친구보다 진짜 더 따뜻할까? 쌈을 먹여드리는 아들이 쌈을 받아 먹는 어머니보다 더 배부를까? 이런 경험이 있는 사람은 누구나 '주는 사람이 더 행복하다'는 사실을 안다. 이것이 '줄수록 더 커지는 행복 방정식'이다. 잔잔한 음악과 함께 일상에서 겪는 사소하지만 결코 작지 않은 행복을 보여 주는 SK텔레콤 광고를 보고 있으면 감동이 밀려온다. SK텔레콤이 과연 얼마나 소비자의 마음을 행복하게 하려는지 알 수는 없지만 이 감동을 그대로 기업의 이미지로 연결하려는 것은 분명하다.

친구인 줄 알고 "야, 형구야, 머리 깎았구나" 하고 뒤통수를 한 대쳤는데, 알고 보니 처음 보는 사람이다. 그의 인상을 보아하니 심지어 건달이 분명하다. 이 위기를 극복하는 데 꼭 필요한 것은 바로 스피드. 이 광고는 스피드가 매우 중요하다는 메시지를 웃음을 통해 전달한다.

광고주는 광고가 감동을 주건 웃음을 주건 별 상관하지 않는다. 광고주의 입장에서 좋은 광고는 많은 제품을 파는 광고이다. 따라서 광고주는 판매고만 올릴 수 있다면 법이 허용하는 한 어떤 광고든 'OK'다. 법을 준수한 광고라고 해도 그것이 진실을 드러내는 것이라고는 볼 수 없다. 관련법을 준수하여 만들어진 광고라 하더라도 그것이 항상 진실만을 전달하지는 않는다. 즉, 광고에서 전달하는 단편적인 문구가 법이 규정하는 한도 내의 사실이라 하더라도 이를 받아들이는 소비자들이 인식하고 있는 광고의 의미는 진실이 아닐 수도 있다는 것이다.

얼마 전 대형 마트에 갔다가 한 화장품 코너에 '식약처가 인정한 기능성 화장품'이라는 POP(point of purchase)광고를 보았다. 이 광고 문구만 놓고 보자면 마치 식약처가 그 회사 화장품의 기능성을 인정했다고 이해하기 쉽다. 하지만 '기능성 화장품'으로 표시하려면 원래 식약처의 승인을 거쳐야 하기 때문에 모든 기능성 화장품은 식약처가 그 기능성을 인정한 화장품이다. 따라서 이 문구 자체는 거짓이 아니지만 자세한 사정을 모르는 소비자는 국가기관에서 그 화장품이 다른 기능성 화장품보다 더 뛰어난 기능성이 있다는 것을 인정했다는 의미로 받아들일 수 있다는 데 문제가 있다.

광고의 또 다른 문제점은 광고의 강력한 이미지(메시지)가 우리가 함께 고민해야 할 문제를 숨긴다는 점이다. '우리 한우, 안심하고 먹자', '돼지고기를 먹고 힘을 내자'는 광고는 육식이 몸에 해롭지는 않은지, 육식이 환경에는 어떤 영향을 주는지를 생각할 여지를 주지 않는다. 육식을 좋아하는 사람이 잘못된 정보로 본인의 뜻과 달리 채식을 하는 것은 분명 옳지 않은 일이다. 그렇다고 육식을 강조하기 위해 여러 가지 문제를 그냥 덮어 버리는 것 또한 옳지 않다. 과자 광고는 과자가 주는 달콤함에 중점을 두기 때문에 과자가 아이들에게 좋지 않은 영향을 줄 수 있다는 점을 감춘다. 그러나, 반대로 식품첨가물에 대해서 과다한 공포를 조장하는 것도 옳지 않다. 건전한 기업에 피해를 줄 뿐 아니라 소비자의 선택권을 막을 수 있기 때문이다.

잘못된 광고가 가장 많은 피해자를 양산하는 분야는 바로 건강기능성 식품 분야이다. 훌륭한 건강식품이라면 유행을 타지 않고 꾸준히 애용될 것이다. 하지만 많은 기능성 식품이 광고와 특정 프로그램의 홍보에 의해 유행을 탄다는 것은 그것이 건강에 별 도움이 되지 않는다는 것을 반증한다. 건강기능성 식품은 알고 먹으면 약이 되지만 잘못 먹으면 오히려 독이 될 수도 있다. 다시 말해, 건강기능성 식품의 효능만 믿다가 치료시기를 놓친다면, 이 식품은 오히려 건강에 해가 될 수 있다. "건강에 관련된 책을 읽을 때는 주의하라. 오타로 죽을 수도 있으니까."라는 마크 트웨인의 말은 100년이 지난 지금도 되새겨 볼 만한 명언이다.

광고의 가장 큰 문제점은 사람들이 그것을 비판의식 없이 당연하다고 믿게끔 하는 데 있다. 사실 광고의 주요한 기능(소비자에게는 역기능이 되겠지만) 가운데 하나는 바로 비판의식을 잠재우고 상품을 믿고 구매하도록 만드는 것이다. 그래서 광고는 사람의 마음을 꿰뚫어 볼 필요가 있다. 개연성이 없는 광고로는 사람들의 마음을 움직일 수 없기 때문이다. 따라서 광고는 최대한의 효과를 가지기 위해 '그럴듯하게' 만들어진다. 그러나 이 그럴듯한 내용은 대개 과학적 사실이라기보다는 믿음에 가까운 것들이다.

비타민 C 음료나 칼슘과 같은 미네랄 함유 음료 광고들은 비타민이나 미네랄은 우리가 섭취하는 양이 부족하기 때문에 많이 먹어야 한다는 믿음(사실이 아니라)을 전파한다. 하루에 얼마만큼의 비타민 C가 필요한지, 보통 사람들의 칼슘 섭취가 과연 그렇게 부족한지를 따지기 시작하면 음료의 판매량에 영향을 주기 때문에 광고주들은 소비자들이 광고를 그대로 받아들이도록 유도한다.

유기농 식품 광고는 한술 더 뜬다. 마치 유기농 식품을 먹이지 않는 엄마가 아이에 대해 사랑이 부족한 사람인 양 몰아간다. 분명 유기농 식품은 일반 식품보다는 더 좋을 것이다. 하지만 그것이 단지 농약을 사용하지 않았기 때문에 더 좋은 것인지 더 좋은 영양분이 포함되어 있는지는 따지지 않는다. 광고는 유기농 식품이 몇 배나 비싼 비용을 지불할 만큼의 효과가 있는지 소비자가 판단할 기회를 주지 않는다.

환경부는 재활용만이 환경을 살리는 길이라고 거듭 강조한다. 음식물 쓰레기가 잘 재활용되고 있는지, 폐지의 재활용이 과연 친환경적인지 따지지 않는다. 올바른 환경정책에 대한 논의보다는 국민들에게 환경을 위해 불편을 감수하기를 강요하고 있는 것은 아닌지에 대한 고민은 어디에도 없다. 환경부는 자신들의 정책을 밀고 나가기 위해 분리수거의 불편은 당연한 것으로 받아들이게 하는, 심지어 음식문화까지 바꾸고자 하는 광고를 만든다. 이렇듯 광고는 국민들에게 환경 정책이 항상 올바르게 진행되고 있다는 생각을 심어 주고 있는 것이다.

어떤 이론에 대한 일방적인 신념이나 믿음은 과학을 발전시키기보다는 걸림돌로 작용하는 경우가 많다. 우리 사회는 이미 '황우석 사건'을 통해 믿음과 권위가 과학에서 얼마나 해로운 것인가를 큰 대가를 치르고 배웠다. 무차별적으로 쏟아지는 정보의 홍수 속에 검증되지 않은 믿음이 진실을 가릴 때 문제가 생긴다. 과학은 자유롭고 창의적인 사고가 가능한 터전에서 싹트고 발전한다.

나는 이 책을 통해 광고 속의 메시지가 얼마든지 잘못된 것일 수도 있다고 말하고 있지만 오히려 본인이 틀린 생각을 독자에게 전달할 가능성은 없는가 하는 우려도 없지 않다. 특히 온실가스나 원자력 문제에서는 기존의 생각을 뒤집어 보기 위해 편중된 자료를 인용했다는 비판을 받을 수도 있다. 여러분은 저자의 주장을 기존에 알고 있던 지식과 비교해서 이러한 주장을 하는 이도 있다거나 이 문제를 이렇게 생각할 수도 있다는 정도로 이해해 주었으면 한다.

다루어야 할 광고가 너무 많아 이것저것 살펴보느라 너무 많은 분야를 포함시켰다. 그래서 내용의 깊이가 얕고 여러 가지 사실을 나열하는데 급급했다는 인상을 줄 수도 있다. 하지만 광고를 통해 진지한 고민이 필요한 주제들을 대부분 포함시켰다고 생각한다. 특정 광고에 관심이 많아 좀 더 깊이 알고 싶은 독자는 참고문헌을 통해 좀 더 자세히 공부해 보기를 권한다. 학생들도 과제를 내주는 것을 좋아하지 않는데 독자들에게 숙제를 내는 것을 보면 아직 본인은 좋은 저자가 되지는 못하는 것 같다. 나름대로 자료 조사를 위해 많은 책을 읽고 도서관 검색대에서 많은 시간을 보냈지만 저자의 전문 분야가 아닌 내용이 많아 혹시 오류가 있을지도 모르겠다. 만약 독자들이 그런 오류를 발견하고 알려 준다면 학생들과 독자들에게 올바른 지식을 전달하는데 많은 도움이 될 것이다.

과학실 밖으로 초록이 올라오는 것이 보이고, 봄 햇살이 더없이 따사롭다. 그동안 원고 때문에 뒷전으로 미뤄 둔 가족과의 봄 소풍을 이번 주말에는 꼭 가야겠다. 사랑하는 가족들의 배려가 있었기에 또 한 권의 책이 나올 수 있었다. 가족에게 사랑한다는 말과 원고를 꼼꼼하게 검토해 준 이정화 씨에게도 감사의 말을 전하고 싶다.

2007년 봄의 문턱에서
최원석

광고 속에 숨어 있는 과학

광고 속에 숨어 있는 과학

광고는 과학이다?

과자의 진실은 정성에 있다

로션 하나 바꾸면?

체질을 바꿀까, 우유를 바꿀까?

우리 돼지 먹는 날?

미녀는 무엇을 좋아할까?

빛으로 이어지는 행복한 세상

푸른 하늘 푸른 에너지 원자력

미래가 깨끗해지려면?

동해 용왕이 잠수함을 타고 우리나라 땅을 밟는다. 수많은 인파가 용왕을 둘러싸고 기자들이 열띤 취재 경쟁을 벌인다. 이제 토끼가 필요 없냐는 한 기자의 질문에 용왕은 자신 있게 답한다. "토끼 끝이야, 쿠퍼스야." 또한 요즘은 건강이 걱정되지 않느냐는 두 번째 질문에 명대사를 날린다. "너나 걱정하세요~"

>> 광고는 과학이다? <<

2002년 월드컵 한국-이탈리아 경기가 한창이다. 이탈리아 선수가 공격을 하다 페널티 에어리어에서 넘어지자 주심이 뛰어간다. 그리고 오른손을 치켜들며 파울을 선언한다. 이때 심판이 꺼내든 것은 경고카드가 아니라 돼지밥. 선수들이 항의하자 심판은 단호한 표정으로 레드카드를 꺼내 보인다.

광고는 과학이다?

　　따분한 TV 프로그램보다는 톡톡 튀는 한 편의 광고가 더 재미있다. 재미있는 광고 카피는 새로운 유행어로 사람들의 입에 오르내린다. "니들이 게 맛을 알아?" 라는 광고 카피는 한때 모르는 사람이 없을 만큼 유명했다. 이 광고 덕택에 탤런트 신구는 광고계의 스타가 되었다. 그는 이후 별주부전을 패러디한 발효유 광고로 다시 한번 유행어를 만들어 내는데 성공한다.

　　중견 탤런트 임채무는 돼지바 광고로 '2006년 대한민국광고대상' 모델상을 수상하며 제2의 전성기를 맞았다. 이 광고는 월드컵 분위기를 타고 여러 프로그램에서 패러디되기도 했고, 인터넷 인기 검색어 1위에 오르기도 했다. 제작자들은 이처럼 톡톡 튀고 재미있는 광고를 통해 시청자들에게 상품 이미지를 각인시키고자 한다.

　일반적으로 광고의 목적은 소비자가 기업의 제품이나 서비스에 대해 인지하고 구매를 하게끔 하는 데 있다. 물론 어떤 광고들은 소비자들의 의식을 바꾸기 위해 제작되기도 한다. 가령 원전수거물관리센터나 원자력발전소는 단순히 이러한 시설이 존재한다는 것을 사람들의 기억 속에 각인시키고자 광고를 하는 것은 아니다. 이 광고의 목적은 원자력발전소가 위험하다거나 혐오시설이라는 인식을 바꾸기 위한 것이다. 그래서 이 광고는 녹색 사각형과 초록 사과, 푸른 하늘 등 자연의 이미지를 이용해 원자력이 환경친화적인 에너지라는 것을 부각하는데 중점을 둔다.

　광고를 뜻하는 영어 ‘advertising’은 라틴어 ‘adverter’에서 기원했다. 이는 ‘마음을 어디로 향하게 하다’, ‘돌아보게 하다’라는 뜻이다. 그렇다면 광고란 ‘타인의 마음을 나한테 기울도록’ 하는 일련의 과정인 셈이다. 이렇게 광고는 소비자의 구매 욕구를 자극하는 속성 때문에 필요 없는 상품도 구매하도록 부추긴다는 비판을 받기도 한다. 하지만 자본주의 사회에서 합법적인 광고를 제재할 수는 없다. 광고주는 광고를 통해서 이혁재에게 가슴 털을 자라게 하는 발모제를, 앙드레 김에게 검은 옷을 팔기를 원한다. 이것이 광고다.

광고를 알면 세상이 보인다

　광고는 제품에 대한 정보를 전달할 뿐 아니라 당대의 사회상을 반영한다. 오랜 세월 국민의 드링크제로 사랑을 받아온 박카스는 예나 지금이나 맛은 거의 변함 없다. 하지만 박카스의 광고 전략과 이미지는 시대가 바뀌면서 달라졌다. 1960년대에는 도둑을 쫓던 경찰이 약국에서 박카스를 먹고 힘을 냈고, 1990년대에는 자신의 일터에서 묵묵히 땀 흘리며 일하는 해외 근로자가 박카스 한 병으로 그날의 피로를 달랬다. 2000년대에 들어서는 열심히 뛰고 "한 게임 더"를 외치는 대학생, 사회 초년생이 박카스를 마신다. 재미있는 것은 1960년대 용왕은 박카스를 마시고 몸보신을 했지만, 2000년대 용왕은 쿠퍼스를 마신다는 것이다.

　같은 광고 모델이라도 세대에 따라 전혀 다른 이미지로 기억되기도 한다. 30대 이상이라면 30년 전 '고향의 맛, 다시다' 광고에서 "그래, 이 맛이야."라고 외치던 김혜자를 대한민국 대표 어머니상으로 기억할 것이다. 하지만 지금의 청소년에게는 대한민국의 어머니상이 아니라 "휘바 할아버지를 확인하라."는 '자일리톨 아줌마'의 이미지가 강하다.

　광고는 그 시대의 성(性) 문화에 따라 방송에서 허용되는 수준이 달라지기도 한다. 1995년 이전까지 우리나라 TV에서 생리대 광고를 볼 수 없었다. 이는 국산 생리대가 없었던 것이 아니라 이를 방송으로 허용할 수 있는 사회 분위기가 아니었기 때문이다. 그래서 생리대 광고는 여성잡지에나 싣는 정도였지만 오늘날에는 대학생 모델까지 동원하며 자연스럽게 안방 극장에 등장한다. 이는 속옷 광고에서도 마찬가지이다. 개방된 성 문화의 변화를 실감하는 부분이다.

광고를 통해 우린 그 시대의 유행을 엿볼 수도 있다. 1990년대 후반부터는 웰빙 열풍이 불면서 사람들이 건강에 관심을 갖기 시작했다. 이처럼 웰빙이 시대적 화두가 되자 건강과 관련된 광고가 부쩍 늘었다. '진짜 과즙'이나 '과일'을 넣었다거나 '천연 재료'나 '유기농 원료'를 사용했다는 광고는 다른 음료보다 건강에 도움이 된다는 주장을 하고 싶어 하는 것이다. 이렇듯 광고를 보면 오늘날의 소비자들은 양보다는 질에 관심이 더 많다는 것을 알 수 있다.

최근 미용과 건강 관련 광고가 부쩍 늘어난 것은 삶의 질을 생각할 만큼 경제가 성장했음을 의미한다. 먹을 것이 부족해서 보릿고개를 걱정하던 시절 누가 저칼로리 음료를 마셨겠는가. 먹을 것이 없는 상황에서 음식물 쓰레기를 줄이자거나 적게 먹자는 광고는 필요 없었던 것이다. 이처럼 광고는 그 시대상을 고스란히 반영한다.

왜 광고를 비난하는 것일까

제리 맨더는 『텔레비전을 버려라』(우물이있는집, 2002)에서 "광고의 존재를 인정하는 행위는 인간의 사고양식을 간섭함으로써 정신작용을 설득하고 지배하도록 고안된 하나의 제도를 인정하는 것"이라고 강하게 비판했다. 광고가 소비자의 마음을 움직여 불필요한 소비를 부추긴다는 것이다. 스타마케팅에 따른 엄청난 광고비는 광고주에게만 부담스러운 것이 아니다. 막대한 광고비는 제품 원가에 포함되기 때문에 광고비 부담을 소비자에게도 전가시킨다. 그러나 이런 논란에도 불구하고 광고는 분명 효과가 있는 듯하다. 그렇지 않다면 어떤 광고주도 광고에 막대한 자본을 투자하지 않을 것이다.

20세기 중반 '다이아몬드는 영원히' 라는 광고 문구는 위기를 맞았던 미국의 다이아몬드 시장에 활기를 불어넣었을 뿐만 아니라 결혼 문화를 바꾸어 놓았다. 당시 결혼한 사람들 중 80%가 약혼식에서 다이아몬드 반지를 주고받을 정도였다. 맥도널드가 엄마들을 겨냥해서 "오늘 하루쯤 쉴 자격이 있다."는 광고 문구를 내놓기 직전인 1970년에 맥도널드의 연간 판매고는 5억 8천7백만 달러였다. 그러나 이 광고가 탄생한 지 4년 후인 1974년에는 연간 판매고가 19억 달러로 훌쩍 늘어났다.

이와 비슷한 성공 사례는 국내에서도 쉽게 찾을 수 있다. '미녀는 석류를 좋아해' 를 예로 들어 보자. 이 석류음료는 인기 스타 이준기가 부른 야릇한 분위기의 노래— '미녀는 석류를 좋아해~♪' —에 힘입어 품귀현상을 보일 정도로 대박을 터뜨렸다. 물론 광고 외에도 상품 디자인이 신선했다는 점, 피부에 관심이 많은 여성의 심리를 정확하게 간파한 점 등 여러 성공적 요인이 있었다. 6살짜리 아이에게 돈을 주고 자판기에서 음료수를 뽑아 오라고 시켰더니, 이 음료를 골랐다. 그 광고가 퍽 인상적이었던 모양이다. 내가 한번도 이 음료를 좋아한다고

말한 적이 없는데, 광고를 보고 그냥 그렇게 생각한 것이다. 내가 미녀라서 좋아한다고 생각했을 리는 없으니, 광고의 위력이 얼마나 대단한지 실감할 수 있었다.

"술 마신 다음날이 걱정된다면?", "정을 나눌 때는?" 이러한 질문에 대한 답은 무엇일까? 이러한 질문에 대한 답을 광고에서는 '모닝케어(컨디션일 수도 있다)'와 '오리온 초코파이'라고 말한다. 하지만 곰곰이 따져 본다면 이러한 광고는 소비자에게 별로 필요하지 않은 엉뚱한 의식을 심어 준다는 비난을 받을 수도 있다. 정말 술을 마신 다음날이 걱정된다면 아예 술을 마시지 않거나 적당히 마시면 된다. 누군가와 '정'을 나누고 싶다면 따뜻한 말 한마디나 편지를 건넬 수도 있다. 물론 합리적인 소비자라면 이러한 광고에 흔들리지 않고 자신의 상황에 맞는 구매 행동—초코파이와 함께 편지를 주는 것과 같은—을 할 것이다.

하지만 미취학 어린이들은 텔레비전 광고와 정규 프로그램을 잘 구분하지 못한다. 여덟 살 이상의 아이들과 십대들은 광고에 대해 더 냉소적인 태도를 취하기도 하지만, 그렇다고 해서 너무나 멋지게 묘사된 광고 속 물건들을 사고 싶다는 생각이 달라지는 것 같지는 않다. 미국의 의료·보건 자문기구인 국립의학연구소(IOM)는 2005년 12월 발표한 보고서에서 "정크푸드 광고가 TV에 노출되는 것과 비만이 연관되어 있다는 강력한 증거가 있다."며 "식품·음료회사들의 광고, 특히 TV와 케이블방송 광고 때문에 어린이들이 몸에 해로운 음식을 너무 많이 먹게 된다."고 지적했다. 아이들이 특히 광고에 취약하기는 하지만 성인이라고 해서 이성적으로 광고를 받아들인다고 보기는 어렵다.

광고가 비난을 받는 중요한 이유 가운데 하나도 이와 같은 맥락에서 생각해 볼 수 있다. 광고가 소비자의 이성이 아니라 감성에 소구(appeal)한다는 점이다. 사실 콜라나 패스트푸드와 같은 제품의 경우 광고에서 그것의 구매 필요성에 대해 소비자를 논리적으로 설득하려 한다면 광고 효과는 오히려 떨어질 것이다. 왜냐하면 이 제품들이 소비자에게 합리적인 이점을 제시하기 쉽지 않기 때문이다.(물론 편리하다는 것을 중요한 이점이라고 주장할 수도 있다.) 사실 광고주의 입장에서는 감성에 소구할 수밖에 없는 결정적인 이유가 있다. 15초 내외의 짧은 시간에 상품에 대한 정보를 전달하기가 불가능하기 때문이다. 이 때문에 광고는 정보를 전달하기보다는 감성에 어필하는 것이다. 생각해 보라. 다니엘 헤니가 아름다운 여성에게 구애하는 장면과 향수 성분의 화학적인 특성에 대해 설명하는 광고 중 어느 쪽이 더 인상적이겠는가?

소비자를 우롱하는 허위광고

쑤시는 무르팍을 움켜쥐고 계단을 올려다보던 할머니가 파스 한 장을 붙이고 갑자기 날듯이 뛰어 올라간다. 엔진오일 때문에 차가 정말로 선다(멈추는 것이 아니라 달리다가 수직으로 선다). 콜라를 먹던 아이가 마지막 남은 한 방울을 먹기 위해 콜라병 속으로 들어가 버린다.

이처럼 누가 봐도 과장된 상황임을 알 수 있는 경우에는 과장광고나 허위광고라고 하지 않는다. 하지만 과장된 상황이라는 점을 스스로 드러내는 광고는 많지 않다. 많은 경우, 광고는 법의 테두리 안에서 과장과 왜곡, 허위라 할 만한 요소들을 십분 활용한다.

소비자들은 허위광고는 당연히 법으로 금지되어 있다고 믿는다. 하지만 법은 여전히 소비자 스스로 대처해야 할 많은 것을 남겨 놓았다는 사실을 소비자들은 깨닫지 못한다. 광고를 보며 사실일 것이라고 믿는 많은 것들이 사실이 아닐 수도 있다는 뜻이다.

법으로 많은 허위광고들을 규제하지 못하는 것은 단순히 허위일 수도 있다는 잠재성으로 소비자들이 피해를 입지는 않기 때문이다.

대부분의 엄마들은 슈퍼마켓에서 조금이라도 아이의 건강이나 성장에 도움이 되는 것을 고르기 위해 많은 고민을 한다. 많은 광고들은 이러한 엄마의 마음을 이용해서 꼼꼼한 엄마라면 자사의 제품을 제대로 고르지 않으면 안 될 듯이 광고를 한다. 그래서 엄마들은 'DHA가

첨가된 우유'나 '칼슘' 과 '철분' 이 첨가되었다는 아동용 청량음료를 고른다. 그렇다면 그들은 DHA, 칼슘, 철분이 첨가된 식품을 고르면서 무엇을 기대했을까? 엄마는 DHA라는 글자를 보며 아이가 똑똑하게 자라기를, '칼슘' 이나 '철분' 이 첨가된 음료를 마시고 튼튼하게 자라기를 기대할 것이다.

하지만 아쉽게도 이러한 우유나 음료를 마신다고 해서 기대하는 효과를 얻을 수 있다는 과학적인 근거는 없다. 있다손 치더라도 논란의 여지가 많다. DHA는 뇌 내 인지질조직, 생식선, 망막 등에 존재하는 필수 구성 성분이다. DHA는 인간의 뇌세포를 구성하는 지방산의 10%를 차지한다. DHA는 기억력을 관장하는 뇌 내 해마세포의 25%를 차지한다. 따라서 DHA가 부족하면 기억력, 판단력, 집중력이 떨어진다고 알려져 있다. 이것이 알려진 사실의 전부이다. DHA를 다량(실제로 음료 속에 들어 있는 것을 이렇게 부르기도 어렵지만) 섭취한다고 뇌세포와 뇌세포막이 기대만큼 증식하는지는 의문이다. 단순히 뇌를 구성하는 물질을 먹는다고 해서 머리가 좋아진다고 보장할 수 없다.

이제 꼼꼼하게 제품 겉에 표시된 광고 문구나 광고를 자세히 들어 보자. 몸에 어떻게 좋다는 구체적인 표현이 아니라 '특별히 키우고 싶으니까', '뼈에 좋은 칼슘', '뼈의 구성성분 칼슘', '뇌에 좋은 DHA' 등의 애매한 문구는 소비자의 오해를 불러일으킨다. 이러한 문구들은 겉보기에는 전혀 문제가 없다. 세상의 모든 엄마들은 아이를 특별하게 키우고 싶을 것이다. 이것은 분명한 사실이다. 뼈의 구성 성분인 칼슘은 뼈가 성장하는 데에 필요하고, DHA는 뇌세포를 구성하는 데에 필요하다. 따라서 이 문장만 놓고 본다면 그 진술 자체는 모두 사실이다.

하지만 이러한 우유나 음료를 마신다고 해서 특별하게 키가 자란다거나 뼈가 튼튼해 진다는 근거는 없다. 이러한 성분들이 첨가된 식품들이 나쁘다거나 전혀 필요 없다는 게 아니라 광고에서 주장하는 효과를 얻을 수 있다는 과학적인 근거가 없다는 것이다. 따라서 '뼈를 튼튼하게 만들어 주는 우유'라든가 '머리를 좋게 만들어 주는 음료'는 허위 또는 과장광고가 된다. 이를 피하기 위해서 기업은 최대한 교묘하게 표기를 하고 광고를 하는 것이다. 몸에 좋은 성분이 첨가된 식품들에 반대하지는 않지만 효과가 뚜렷하지 않은데 비싼 대가를 치러야 할까?

속이는 것인가? 속는 것인가?

"우리 그냥 사랑하게 해 주세요!"라는 카피로 유명했던, 정우성과 장쯔이가 등장한 '2%' 광고. 이것을 패러디한 '상큼한 현미 흑초 사랑초' 광고에선 가수 현미가 등장해서 사랑을 외치는 두 연인에게 "니들이 사랑을 알아?"라고 외친다. 이가탄의 광고모델인 태진아와 송대관은 거침 없이 옥수수와 오징어를 씹으며 '튼튼한 이를 갖고 싶다면 이가탄을 먹어야 한다'고 주장한다.

가수 현미가 현미흑초 사랑초 광고에, 탤런트 김청이 소화제인 '속청' 광고에 나온 것은 단지 이들의 이름이 제품 이름과 비슷하기 때문이다. 현미나 김청을 등장시켜 소비자가 제품을 더 잘 기억하도록 만든 것이다. 이러한 광고는 '기억 착각 현상'을 이용한 것이다.

미국 워싱턴 대학에서 재미있는 실험을 한 적이 있다. 벅스 버니가 출연하는 디즈니랜드 광고를 사람들에게 보여 주고 사람들에게 디즈니랜드에서 무엇을 보았는지 물었다. 이 질문에 많은 사람들이 디즈니랜드에서 버니를 보았다거나 미키마우스와 같이 있는 것을 보았다고 했고, 심지어 악수를 했다고 대답하는 경우도 있었다. 하지만 벅스 버니는 워너 브라더스의 캐릭터이기 때문에 디즈니랜드에서는 볼 수 없다. 광고가 사람들의 기억을 조작한 것이다. 물론 이 실험 속의 광고는 처음부터 사람들을 속이기 위한 목적으로 만들어진 것이지만, 굳이 속이려 하지 않아도 우리의 뇌는 잘못된 기억을 만들어내는 '기억 착각

현상'을 자주 일으킨다.

SK 그룹은 기업 홍보를 위한 광고에서 '고객이 OK라고 할 때까지 OK SK'라는 말을 반복한다. 'OK SK'라는 카피는 'SK'라는 이름을 듣게 되면 자연스럽게 'OK'라는 이미지를 떠올리도록 말이다. SK의 서비스를 이용해 보지 않은 사람이 OK라는 이미지를 떠올린다는 것은 '거짓 기억'이 되는 것이다. LG텔레콤은 '랄랄라'라는 멜로디를 반복적으로 사용하며, 박중훈은 'OB라거' 광고에서 '랄라라'라고 흥얼거리며 춤을 춘다. LG텔레콤의 '랄랄라'나 박중훈이 등장한 'OB라거' 광고도 같은 맥락으로 볼 수 있는 것이다.

삼성의 '또 하나의 가족' 광고에는 소비자들이 삼성 브랜드를 가족처럼 친근하게 인식하고, 브랜드에 대한 친밀감이 상품 구매로 연결되도록 하려는 전략이 숨어 있다. 한때 현대차에서 어린이들을 미래의 고

객으로 인식하고 '내 친구 씽씽이'라는 아동용 광고를 한 것도 이러한 광고를 통해 기억을 조작하고자 하는 의도가 숨어 있다고 볼 수 있다.

상표를 알면 맛이 달라진다?

예전에 한 콜라 회사가 학교 근처나 유동 인구가 많은 곳에서 시음 행사를 한 적이 있었다. 바로 만년 2위의 펩시콜라가 그 장본인이다. 펩시콜라는 업계 1위인 코카콜라를 이기기 위해 적극적인 마케팅을 펼쳤는데 그것이 바로 '펩시 챌린지'라는 콜라 시음대회였다. 재미있는 것은 시음대회에서 항상 사람들은 펩시를 더 많이 선택했다는 것이다. 그러나 실제로 펩시 콜라의 판매율은 코카콜라보다 낮았다. 왜 눈을 가리고 선택했을 때는 펩시를 선택한 사람들이 매장에서는 코카콜라 를 선택한 것일까?

이에 대해 미국 베일러 의대 몬태규 교수팀은 재미있는 분석을 내 놓았다. 몬태규 교수팀은 지원자에게 눈을 가리고 콜라를 맛보게 한 후 MRI 분석을 했는데, 코카콜라가 아닌 펩시콜라를 마셨을 때 뇌의 반응이 훨씬 활발한 것을 발견했다. 만족감을 관할하는 부위인 '배쪽 피각(ventral putamen)'의 활성화 정도에서 두 제품의 차이가 컸다는 것 이다. 눈을 가리고 펩시콜라를 마셨을 때 더 많은 만족감을 나타내는 데 코카콜라를 선택하는 것은 바로 코카콜라의 브랜드 이미지가 제품 의 선택에 영향을 미쳤기 때문이다.

이렇게 소비자의 속마음을 알아내고 이를 마케팅에 활용하는 것을 '뉴로마케팅(Neuromarketing)'이라고 한다. 뉴로마케팅은 신경세포를 뜻하는 '뉴런(Neuron)'과 마케팅의 합성어이다. 이 전략은 지난해 미국 포춘(Fortune)지에서 10대 기술 트렌드로 선정되기도 했다. 뉴로마케팅은 소비자도 모르는 소비자의 속마음을 알고 싶어 하는 기업들을 위해 탄생했다. 물론 이러한 주장에 대해 호주 스윈번대학의 신경과학자 리처드 실버스타인 교수는 "판매 실적은 광고 노출 정도에 비례할 뿐"이라고 반박하기도 한다. 또한 뇌의 반응을 안다고 그것이 판매와 직결된다는 것은 아니라는 주장도 있다. 우리의 뇌는 1,011개나 되는 뉴런이 수천 개의 뉴런들과 결합된 매우 복잡한 조직이다. 그런 뇌가 광고를 인식하고 어떤 결정을 내리는지 알아내는 것은 럭비공이 튀는 방향을 알아내는 것만큼이나 어렵다. 하지만 GM이나 켈로그 등 유수한 기업들은 광고나 디자인이 소비자의 뇌에서 어떤 반응이 일어나는가를 활발히 연구하고 있다.

소비자의 마음을 움직이기 위해 광고 기법은 날이 갈수록 진화하고 있다. 광고 제작자들이 심리학이나 인류학과 같은 학문의 도움을 받은 지는 이미 오래되었다. 또한 최근에는 '기능성 자기공명 영상장치(fMRI)' 까지 동원되는 등 광고계에서 이용되는 과학기술의 수준도 높아지고 있다. 광고 때문에 소비자들이 쇼핑광이 되더라도 광고주는 눈 하나 깜짝하지 않는다. 오히려 내심 그러기를 바랄 것이다. 많은 사람들이 광고를 비난하거나 말거나 효과가 있다면 결코 광고는 줄어들지 않을 것이다. 광고의 홍수 속에서 광고주와 소비자는 이미 소리 없는 전쟁을 하고 있다. 이러한 상황에서 광고 속의 숨은 뜻을 꿰뚫어 보는 혜안이 없다면 결국 손해는 소비자의 몫으로 돌아간다.

넌 콜라를 마실 것이다~ 마실 것이다~

많은 사람들은 기업이 이렇게 단순하게 사람들의 반응만 연구한다고 믿지는 않는다. 소비자도 모르게 물건을 구매하도록 적극적으로 의식을 조종한다고 생각하는 경우도 많다. 이를 '잠재의식 광고(Subliminal Advertising)' 라고 한다. 잠재의식 광고는 광고를 보는 사람이 인식하지 못하는 사이에 이루어지는 광고를 말한다. 화면을 빠르게 전개하여 정상적인 시청 속도로는 잘 보이지 않게 만든 광고, 낮은 음으로 속삭여서

도대체 무슨 소리인지 알아들을 수 없는 광고, 또는 시각적인 메시지, 특히 성과 관련된 이미지나 글자가 교묘하게 숨겨서 찾을 수 없는 광고 등이 잠재의식 광고에 속한다.

1957년 뉴저지의 한 극장에서 희한한 일이 벌어졌다. 영화관에서 상영중인 필름에 5초마다 ‘마시자 코카콜라’, ‘배고프면 팝콘’이라는 자막광고를 3,000분의 1초로 영사하였다. 물론 너무 빠른 순간에 자막이 지나갔으므로 관객들은 무슨 메시지를 봤는지 알 수 없었다. 그러나 이런 자막이 나간 몇 개월 사이에 영화관 매점에서 팝콘의 판매가 57.7%, 콜라의 판매는 18.1%가 증가하였다고 한다. 이는 ‘콜라와 팝콘’이라고 알려진 잠재의식 광고 효과를 주장을 뒷받침하는 데 흔히 사용되는 예이다. 이 실험을 했다고 주장한 광고 전문가 제임스 비케리(Vicary)는 이것을 광고에 이용하면 효과가 있다고 주장했다.

반스 패커드는 대중적인 폭로서인 『숨은 설득자들(The Hidden Persuaders)』(Penguin, 1957)이라는 책에서 이를 잠재의식 광고라고 불렀다. 그는 정신분석학적인 기법을 통해 광고제작자들이 은밀하게 사람들의 욕구를 조종한다고 폭로했던 것이다. 패커드의 계승자 윌슨 브라이언 키는 1973년, 『잠재의식 유혹(Subliminal Seduction)』(Signet, 1973)를 출간했다. 키는 광고가 얼음 조각 속에 성적 이미지를 숨긴다거나 ‘sex’와 같이 심리적 충동을 일으킬 수 있는 단어들을 제품이나 광고에 집어넣어 사람들의 잠재의식을 자극한다고 주장한다. 리츠 크래커의 판매량이 높은 것은 크래커 표면의 구멍이 절묘하게 S-E-X라는 글자를 암시하기 때문이라는 것이다.

　　훗날 뉴저지 극장에서의 실험 소동은 비커리가 자신의 광고회사 홍보를 위해 한 거짓말이었음이 밝혀졌다. 실제 광고계 종사자들은 그 같은 기법을 사용하지 않을 뿐 아니라 그 기법은 법적으로도 금지된 것이라고 말한다. 국제적인 광고 법규에서도 이러한 잠재의식 기법을 사용할 수 없도록 금지하고 있다. 잠재의식 광고가 결국 여러 차례의 실험을 통해 거의 효과가 없다고 밝혀졌지만 이에 관한 논란은 오늘날에도 심심찮게 등장하고 있다. 과거에 서태지 음반을 거꾸로 돌리면 '피가 모자라' 라는 말이 들린다는 것도 이와 같은 맥락의 소동이다. 광고 속에 숨겨져 있는 다양한 의도를 파악해 보는 것은 재미있지만 이를 대중의 의식을 조종하기 위한 음모로 몰아가는 것은 문제가 있지 않을까?

TV 밖의 CF 외전

지갑을 여는 광고의 힘

1
이거는… 이거고…
이거는… 이거.
이거는 이거 주고….

2
저기요, 숙취에 그거… 있지요?
정준호, 그거… 그거 주세요.

3
아저씨, 전지현이 광고하는 거 있죠?
녹차같은 거 그거 주세요.

학생, 호랑이 기운이 솟아나는 거
과자… 그거 주세요.
하아… 다들 이러니까 광고를 다 외워야지….
이씨… 물건 팔려고 광고를 보는게 말이 돼?!

흠잡을 데 없는 조각미남, 데니스 오에게 소리 없이 다가오는 달콤한 유혹. 이것이 드림 카카오 56이다. 남자의 몸은 34%의 용기와 10%의 망설임 그리고 56%의 꿈으로 채워져 있다. 지금 이 남자, 데니스 오는 사랑에 빠지기 위해서 무려 56% 부족한 자신의 몸을 카카오가 56% 들어 있는 초콜릿으로 채운다

>> 과자의 진실은 정성에 있다 <<

동화책에 나올 법한 꿈의 동산에서 아이들이 럭비공만한 카카오를 기계에 집어넣는다. 기계 안에서는 요리사들이 분주하게 초콜릿 파이를 만든다. 커피자판기처럼 완성된 파이가 접시에 떨어진다. 카카오는 원래 더 맛있어지는 게 꿈이었다. 드림파이가 된 카카오가 행복할까. 아니면 카카오로 만든 드림파이를 보고 함박웃음을 짓는 아이들이 더 행복할까.

과자의 진실은 정성에 있다

      과자가 몸에 이롭다고 생각하고 먹는 사람은 아무도 없을 것이다. 하지만 과자가 해로운 것인가에 대한 문제는 짚고 넘어가야 한다. 만약 일부의 주장처럼 과자가 그렇게 해롭다면 단 한 조각도 먹지 않는 것이 옳을 것이다. 하지만 그렇게 해롭지 않다면 유치원 과자파티에서 '넌 절대로 먹으면 안 된다'며 아이를 울릴 필요가 없을 것 같다.

    과자에 대한 공포를 아무리 확산시켜도 과자의 유해성에 대한 과학적인 입증이 없다면 과자는 살아남을 것이다. 오히려 과자와 식품첨가물에 대해 지나치게 공포심을 주는 것은 문제를 바로 보지 못하게 만들고, 자칫 문제에 대해 무관심을 불러 일으킬 수도 있다. 따라서 과자와 식품첨가물에 대한 문제는 감정을 앞세우거나 언론의 마녀사냥식 기사에 휩쓸려 결정할 문제가 아니다.

불량식품에 대한 향수

'7080세대(1970년대에서 1980년대 사이에 청년 시절을 보낸 세대들)'라면 "손이 가요~ 손이 가. 새우깡에 손이 가요", "맛동산 먹고 즐거운 파티"라는 CM송을 기억할 것이다. 과자는 지금이야 원하면 언제든 먹을 수 있는 흔한 먹을거리지만 1970~1980년대만 해도 사정이 달랐다. 새우깡이나 맛동산은 봄 소풍처럼 특별한 날에 먹을 수 있는 우량(?) 과자에 속했다. 하지만 이보다 그리운 것은 학교 앞 문방구에서 사먹던 불량식품이다. 문방구에서 '뺑 과자'를 사서 20원짜리 잼을 발라

먹는 재미는 정말 일품이었다. 지금 돌이켜 보면 도저히 잼이라고 불릴 수 없을 것이다. 딸기잼에 딸기가 포도잼에는 포도가 없고 색소만 가득했기 때문이다. 알록달록한 '쫄쫄이'는 연탄구멍에 넣어 구우면 둘이 먹다 하나가 죽어도 모른다. 이러한 음식을 먹었던 것은 색소가 가득하다는 사실을 몰랐기 때문이기도 하지만 주전부리의 종류가 많지 않았기 때문이다. 용돈 몇 푼 받아서 입의 즐거움을 찾는 데는 문방구에서 파는 불량식품이 안성맞춤이었던 것이다.

그런데 아이들의 사랑을 받던 과자들이 어느 날부터 '악의 축'으로 바뀌어 버렸다. 이미 프랑스와 스웨덴과 같은 나라에서는 어린이를 대상으로 하는 정크푸드 광고를 금지했으며, 코카콜라와 맥도날드와 같은 다국적 기업들도 어린이를 대상으로 하는 광고를 줄이겠다고 공언했다. 이미 서양에서는 과자와 정크푸드를 상대로 전쟁이 시작된 것이다. 우리나라의 경우에도 각종 미디어에서 "과자를 먹이느니 차라리 굶기겠다."거나 "아이에게 과자를 주려거든 담배를 주라."라는 등 극단적인 표현을 동원하며 과자에 경고 메시지를 던졌다. 그 결과 인터넷 모임을 결성해 '정크푸드 추방 운동'이 일어나고 있다. 이러한 분위기에서 KBS 2TV「추적 60분」의 '과자의 공포' 편(2006. 3. 8)은 부모들을 경악하게 만들었다. 이 날 방송에서는 과자를 먹고 아토피 증세가 심해져 몹시 괴로워하는 어린이들의 모습을 방영했다. 이 장면을 보고 충격을 받지 않은 부모는 없을 것이다. 이 방송이 나간 후 과자업계에는 분노한 시청자들의 항의가 빗발쳤다.

이러한 사람들의 반응에 대해 업계에서는 두 가지로 대처한다. 하

•• '식품완전표시제'는 식품의 원재료와 식품첨가물, 영양성분뿐 아니라 열량까지 모두 공개하는 것이다. 이 제도로 소비자들은 단순히 제조식품을 믿고 사는 것이 아니라 식품의 정보를 눈으로 확인하고 선택할 수 있게 되었다.

나는 해롭다고 지적한 식품 원료나 첨가물을 사용하지 않는 것이고, 다른 하나는 건강에 도움이 되는 성분을 첨가하는 것이다. 최근 문제가 되고 있는 트랜스지방에 대해 롯데제과와 오리온은 자사의 제품에 트랜스지방이 들어 있지 않다고 선언했다. 나머지 제과업계도 마찬가지로 '트랜스지방 0% 제품 만들기'에 동참할 것으로 알려졌다. 해태제과는 2006년 6월부터 적색 2·3호, 황색 4·5호, 안식향산나트륨, MSG(글루타민산나트륨), 차아황산나트륨 등 7종의 식품첨가물을 천연재료로 교체했으며 롯데제과와 오리온은 지난해 4월부터 새로 나오는 제품에 대해 '식품완전표시제'를 이행하고 있다고 한다.

제과업체들이 살아남기 위한 또 다른 방법은 바로 웰빙상품 개발이다. 자일리톨이 들어 있는 껌은 기존의 껌과 달리 충치 예방이라는 새로운 기능성을 강조한다. 이와 같이 기능성을 강조하고 있는 제품들도 꾸준히 증가하고 있다. 롯데제과에서는 '드림카카오56'의 성공에 힘입어 최근에는 카카오가 72% 들어 있다는 '드림카카오72'를 판매하고 있다. '드림카카오72'는 카카오의 폴리페놀이 건강에 좋다는 점을 내세워 '꿈의 초콜릿'이라는 이미지를 강조한다. 또한 오랜 세월 국민과자라 불릴 만큼 변함없는 인기를 과시하던 새우깡도 라이코펜을 첨가한 새로운 종류가 나온 것을 보면 제과업계도 살아남기 위해 변하고 있다는 것을 느낄 수 있다 .

NO MSG!

보글보글 맛있게 끓고 있는 찌개를 맛보며 김혜자는 "바로 이 맛이야!" 라고 외치며 사람들에게 '고향의 맛'을 내기 위해서는 다시다가 필요하다는 것을 확실하게 각인시키는 데 성공한다. 1990년대 초 당시 조미료 시장은 미원과 다시다로 양분되어 있었다. 여기에 1994년 럭키(지금의 LG)에서 '맛그린'이라는 MSG 무첨가 조미료를 내 놓는다. 맛그린이 노린 것은 바로 'MSG 유해론'이다. 하지만 맛그린은 MSG에 길들여진 소비자의 외면으로 시장진출에 실패하고 만다.

2006년 10월, MSG와 관련한 사건이 터진다. MBC 소비자 고발프로그램 「불만 제로」, '자장면, 그 맛의 비밀을 밝혀라'에서 자장면이 MSG 범벅이라는 내용을 방영했다. 이 방송 후 중식업자들은 방송에 항의했고 결국 '자장면 소송'으로까지 번졌다. 이 사건을 계기로 일부 언론에서는 'MSG를 과다 섭취하면 암을 유발한다.' 라는 내용의 기사를 내보냈다. 결국 이 사건은 MBC 드라마 「환상의 커플」에서 한예슬이 자장면을 맛있게 먹는 장면을 내보내면서 해피엔딩(?)으로 일단락되었다.

외국에서는 이미 오래전부터 '우리 식당에서는 인공 조미료를 넣지 않습니다.(NO MSG)' 와 같이 표시하는 경우가 있었다. 소비자들이나 언론에서 MSG를 해로운 물질이라고 인식하고 있기 때문이다. MSG는 글루타민산나트륨(Monosodium L-Glutamate)을 말한다. 만약 MSG가 입을 통해 몸 안으로 들어가게 되면 쥐의 경우는 LD50이 16g/kg 정도이고, 사람의 경우 1일 허용 섭취량은 설정할 필요가 없을 정도로 독성은 거의 없다고 알려져 있다. 하지만 다량의 MSG

를 섭취하면 10~20분 뒤 일시적으로 머리의 뒷부분에 열이 나거나 온몸이 긴장되거나, 불쾌하고 근육이 경직되는 등의 증상이 일어난다는 보고가 있다. 이런 증상을 일컬어 '중국식당 증후군(CRS)' 이라고 한다.

워싱턴 대학의 연구원인 존 올니는 1969년, 다량의 MSG를 복용한 쥐의 뇌세포가 파괴되었다는 연구 결과를 내놓았다. 하지만 이후 많은 연구에서 MSG가 사람에게 해롭다는 결과를 찾기 어려웠으며, 영장류 실험에서도 별다른 이상을 찾을 수 없었다. 다만 확실한 것은 정상적인 양을 섭취하면 아무런 문제가 되지 않으며, 과민체질인 경우 공복에 다량 섭취(3~5g)할 경우 CRS가 나타날 수 있다는 것이다. 빈속에 조미료만 한 스푼씩 떠먹지 않으면 별 탈 없다는 뜻이다. 우리는 이미 오랜 세월 동안 천연조미료 속에 포함되어 있는 많은 MSG를 섭취하고도 문제없이 살아왔다. 사실 MSG는 수십 가지 신경전달물질 중의 하나로 중추신경계에 작용한다. 따라서 MSG가 어느 정도 신경계에 영향을 주는 것은 어떻게 보면 당연한 일이다. 하지만 MSG는 발암물질은 분명 아닌 것이다.

식품첨가물이 독성 때문에 논쟁의 대상이 되는 경우는 많지 않다. 하지만 아토피와 같은 알레르기의 경우에는 다르다. 물론 아토피와 같은 알레르기성 질환을 가진 사람의 경우 식품첨가물이 영향을 미칠 수 있다. 알레르기는 소량의 첨가물에도 증상이 악화될 수 있기 때문이다. 하지만 건강한 사람의 경우에도 알레르기를 유발하는지에 대해서는 전문가들 사이에 의견일치를 보지 못하고 있다. 첨가물에 대한 공포 때문에 식약처에서는 전문가들에게 연구를 의뢰했다. 그 결과, 놀랍게도 식품첨가물이 아토피 피부염을 악화시키는 현상을 확인할 수 없었다. 기존의 생각과 달리 식품첨가물은 알레르기 환자에게조차도 별 문제가 없었다고 식약청은 발표했다. 하지만 KBS「추적 60분」팀은 '과자의 공포, 그 후 1년(2007. 2. 28)'을 통해 식약처의 이번 연구 결과의 문제점을 파헤쳤다. 방송에 따르면 식약처의 연구 용역팀은 국내 권위자들이었지만 그들의 연구는 마치 학부생의 리포트 같다는 인상을 지울 수 없었다. 결국 식품첨가물 문제를 해결하기 위한 식약처의 어설픈 개입은 식약처와 기업들에 대한 불신만 키우는 결과를 낳았다. 식품첨가물의 알레르기 문제에 대한 섣부른 결론들이 문제를 해결한 것이 아니라 문제를 더욱 꼬이게 만든 것이다.

그렇게 반대하는 식품첨가물, 왜 넣는가?

식품첨가물은 여러 가지로 정의되고 있는데 유엔식량농업기구(FAO)와 세계보건기구(WHO)의 식품첨가물 전문가회의에서는 "식품의 외관, 향미, 조직 또는 저장성을 향상시키기 위한 목적으로 보통 적은 양이 식품에 의도적으로 첨가되는 비영양물질"이라고 규정하고 있다. 이 정의를 따른다면 인류는 요리를 시작하면서부터 식품 첨가물을 사용했다고 봐야 한다. 음식을 만들 때 들어가는 소금이나 향신료 등을 모두 식품첨가물이라고 할 수 있기 때문이다. 냉장이나 보존료를 이용한 음식물 저장법이 등장하기 전까지 저장방법은 훈제나 건조와 같은 단순한 방법뿐이었다. 항상 먹을거리가 부족한 경우가 많았기 때문에 부패한 고기라고 버릴 수는 없었다. 이러한 재료로 요리를 할 경우 좋지 않은 냄새를 제거하기 위해 향료는 일찍부터 꼭 필요한 첨가물이었다.

콜럼버스는 향신료인 육두구 열매를 찾기 위해 신대륙을 찾아 떠났다. 그만큼 음식의 맛과 향을 위한 인간의 욕구는 끝이 없다고 봐도 무방하다. 문제는 이러한 욕구를 이용한 악덕 업주들이다. 이익에 급급한 상인들은 한때 피클의 색을 내기 위해 황산구리(Cu_2SO_4)를, 빵을 하얗게 하기 위해 명반(alum: $M^1Al(SO_4)_2 \cdot 12H_2O$)을 넣었다. 또한 1890년 무렵 영국에서는 우유에 뜨는 찌꺼기와 물을 탄 것을 감추기 위해 색소를 넣어 노랗게 물을 들였다. 이 방법이 널리 퍼져서 1925년 법적으로 금지되었을 때 사람들은 오히려 흰 우유를 오염된 것으로 생각하여

꺼리기까지 했다는 웃지 못할 이야기가 있다. 보통 식품첨가물이라고 하면 색소나 표백제, 방부제 정도를 알고 있겠지만 사실 그보다 훨씬 더 많은 식품첨가물이 사용되고 있다. 우리나라는 허가품목 공시방식을 채택하여 안정성이 확인된 615종(419종이 합성물)이 지정되어 있지만 필요에 따라 그 수는 증감된다.

흔히 방부제로 알려진 보존제(preservatives)는 식품의 변질, 부패, 변색 및 화학변화를 방지하여 식품의 영양가와 신선도를 유지시키기 위해 사용되는 첨가물이다. 세상에 믿고 안심할 수 있는 먹을거리가 없다며 유해 식품첨가물이나 농약과 같은 유해 합성 물질에 의한 식품사고를 걱정하는 사람들이 있지만 사실 식품사고 중 가장 많은 부분을 차지하는 것은 바로 세균에 의한 식중독 사고이다. 보존제가 없다면 식품의 유통기한이 짧아지고 식품의 가격은 올라가며, 식중독에 걸릴 확률이 높아진다. 한편에서는 식품 보존 기술의 발달로 식품의 이동거리가 길어지면서 수송에 따른 환경오염이 발생한다고 문제를 제기하기도 한다. 결국 먼 거리를 이동하게 됨으로써 식품의 보존 기간이 길어지더라도 소비자와 생산자에게는 별 이득이 없다. 결국 분명한 것은 보존제는 꼭 필요한 만큼의 최소량을 사용해야 한다는 것이다.

단 1g도 넣지 않았습니다

● 모든 것은 독물이며, 독성이 없는 것은 없다. 양만이 그 물질의 유독성 여

부를 결정한다.

– 파라셀수스(Philippus Aureolus Paracelsus, 1493~1541)

● 한 분자도 해롭다.

– 폴링(Linus Carl Pauling, 1901~1994)

약리학의 아버지로 불리는 파라셀수스와 두 개의 노벨상을 수상한 미국의 물리화학자 폴링 박사의 말 중 누구의 말이 옳을까? 식품업계와 정부는 파라셀수스의 생각을 토대로 식품첨가물에 대한 연구를 시행하고 정책을 세운다. 식품첨가물을 공포의 대상으로 몰아가는 쪽에서는 폴링 박사의 말에 그 근거를 두고 있다고 볼 수 있다.

파라셀수스가 현대 약리학의 창시자로 불리는 이유는 복용량에 따라 약이 될 수도 독이 될 수도 있다는 것을 잘 알고 있었기 때문이다. 아무리 좋은 약이라도 많이 복용하면 독이 될 수 있다는 것이다. 비단 약뿐 아니라 음식, 우리에게 꼭 필요한 산소와 물도 마찬가지다. 지나치게 섭취하면 부작용이 생긴다. 연탄가스에 중독된 환자는 고압산소실로 옮겨 치료를 한다. 하지만 이 경우에도 고압산소실에 환자를 너무 오래 두면 오히려 폐에 문제가 생긴다. 또한 물을 너무 많이 먹게 되면 체액이 묽어져 탈이 나며, 심하면 사망할 수도 있다. 과유불급(過猶不及)이라는 말처럼 넘쳐서 좋을 것은 하나도 없다.

필요한 약도 적당히 먹어야 한다는 데는 누구나 쉽게 동의할 것이다. 그렇다면 반대로 독도 적게 먹으면 약이 될 수 있을까? 조건에 따라 그럴 수도 있다. 어떤 독은 약으로 사용이 가능하다는 뜻이다. 이처럼 미량의 독소가 인체에 이로울 수 있다는 것을 '호르메시스(hormesis)' 라고 하며, 이미 동서고금을 통해 그 효능이 널리 알려져 있었다.

TV 드라마 「허준」에서 허준이 광해군의 학질(말라리아)을 치료하기 위해 극약인 비상을 주성분으로 한 '신석수모' 란 탕제를 써야 한다고 말한다. 이에 다른 의원들은 비상은 독약이라며 반대하지만 허준은 독도 잘 쓰면 약이 된다며, 광해군에게 자신을 믿어 달라고 청한다. 결국 광해군은 허준이 처방한 약을 마시고 완쾌된다.

많은 사람들이 보신용으로 먹는 옻도 독에 속한다. 물론 아무 독이나 약이 된다는 것은 아니며, 식품첨가물이 몸에 이로울 가능성은 거의 없다. 단지 어떤 물질이 복용량에 상관없이 절대적으로 약이나 독이라는 생각은

그냥 믿음일 뿐 과학적인 생각이라 할 수는 없다는 것이다. 따라서 "한 분자도 해롭다."라는 생각은 다분히 감정적인 판단이라고 할 수 있다.

일반적으로 해롭다고 판단된 물질도 소량을 복용할 경우 건강상의 문제를 일으키지 않는다. 그렇다면 식품첨가물을 과연 얼마나 먹을 수 있을까? 흔히 1일 섭취 허용량(ADI: Acceptable Daily Intake)보다 적게 먹을 경우 일반적으로 안전하다고 할 수 있다. ADI란 사람이 일생 동안 섭취하여도 아무런 영향이 나타나지 않을 것으로 예상되는 1일 섭취량이다. 그렇다면 ADI는 어떻게 정해지는 것일까?

ADI를 많은 사람을 대상으로 시험하면 가장 정확한 수치를 얻을 수 있지만 실제로 그렇게 할 수는 없는 노릇이다. 따라서 가급적 큰 동물을 대상으로 장기간 만성독성시험을 실시하여 최고섭취량을 최대무작용량(NOEL: Non Observal Effect Level)으로 정한다. 이는 시험동물에게 평생 동안 지속해서 투여하여도 독성이 나타나지 않는 최대량을 말한다. 이 수치를 FAO와 WHO에서 인정하는 각 식품첨가물에 대한 안전계수(100~250)로 나누어 그 양을 정한다. 안전계수를 정하는 이유는 동물과 사람의 생화학 작용기전이 다르기 때문이다. 즉, 같은 화학물질이라도 동물마다 그 독성이 다르게 나타나므로 사람에 적용할 때 종(種) 간의 차이를 안전계수로 잡아 최대 무작용량의 1/10에 해당하는 양으로 정한다. 또한 사람마다 예민한 정도가 다르기 때문에 이를 고려하여 이 양의 1/10을 곱한다. 결국 동물실험에서 나타난 최대무작용량보다 100~250배 더 적은 양을 기준으로 정하게 된다. 물론 더욱 안전하게 하고 싶다면 더 큰 계수를 적용하면 되고, 기준을 엄격하게 해서 한 분자도 해롭다고 판단하면 결국에는 아무것도 첨가하지 못하게 된다.

천연물은 되는데 합성물은 해로울 수 있기 때문에 양이 아니라 성분을 기준으로 삼는 경우도 있다. 하지만 합성물과 천연물은 첨가물의 안전성 판단의 기준이 되지 못한다. 식품첨가물이 좋지 못한 인상을 주는 이유 중의 하나는 식품첨가물의 70% 이상이 화학적으로 합성한 제품이기 때문일 것이다. 물론 합성첨가물이 절대 안전하다거나 천연물보다 좋다고 말할 수는 없다. 천연물질이 일반적으로 더 안전하게 느껴지는 이유는 우리가 자연에 존재하는 천연의 독소에 대해서 오랜 동안 진화하면서 적응을 했기 때문이다. 합성물에 대해서는 이러한 적응의 기회가 주어지지 않았기 때문에 독성시험을 통해 이를 확인할 필요가 있다.

만약 폴링의 말대로 한 분자라도 해롭다면 아무런 기준도 설정할 수 없게 된다. 독성을 나타내는 어떤 물질도 사용할 수 없고 그렇게 되면 사실 세상에 먹을 수 있는 것은 없기 때문이다. 앞에서 설명했다시피 어떤 물질도 완벽하게 독성만을 나타내지는 않는다. 따라서 식품첨가물의 사용은 위해성과 유익성 검토(Risk-Benefit analysis)에 의해 결정되어야 하는 것이다.

가공식품 무엇이 문제인가

김현주는 저녁 늦게 라면 한 그릇을 끓여 맛있게 먹으면서 "국물이 끝내 줘요~."라고 한다. 얼마나 국물이 끝내주면 초승달도 한 모

2006 소비자보호원의 조사에 따르면 청소년이 즐겨 먹는 12개 가공식품의 1주일 평균 섭취량을 조사한 결과, 햄·소시지 등 식육가공품류 4.56조각, 사탕류 3.63개, 아이스크림류 3.6개, 스낵과자류 3.25개, 가공우유 2.6개, 라면류 2.21개 등으로 나타났다. 또한, 청소년 5명 중 2명은 주 3회 이상 라면이나 햄버거 등 식사대용으로 인스턴트식품을 먹는다고 응답했다. 가공식품을 이렇게 많이 먹기 때문에 아이들이 섭취하는 식품첨가물이 ADI를 초과하게 된다. 몸에 이롭지도 않은 첨가물을 ADI 이상 섭취하게 되면 안정성을 보장할 수 없다.

과자의 경우 한 봉지의 열량이 145~590kcal으로 많이 먹게 되면 열량을 과다하게 섭취하게 된다. 특히 과자에는 지방이나 나트륨이 많이 들어 있는 경우가 있다. 지방의 경우 1일 섭취기준량(50g)의 최대 52%가 함유된 과자가 있고, 나트륨의 경우 1일 섭취량의 2~18%를 함유하는 가공식품이 많다. 라면은 특히 나트륨이 많아 주의를 요한다. 라면의 경우 "국물이 끝내 준다", "국물이 얼큰하다"라고 광고하면서 국물을 마실 것을 권유하는데, 나트륨을 적게 섭취하고 싶다면 국물은 아깝더라도 버리는 것이 바람직하다.

한영실 교수가 한 말은 "의성 마늘이 몸에 좋다"이지 "롯데햄이 몸에 좋다"라는 뜻은 아니다. 청정원에서 자연의 맛을 지킨다는 것은 햄을 원래 고기에 가깝게 만들겠다는 뜻이지 햄이 자연적인 식품이라는 의미가 아니다.

부모들이 콜라는 해롭다며 '어린이 음료'를 사주는 경우가 있다. 하지만 어린이 음료의 당류 함량이 콜라, 사이다 등 탄산음료와 비슷하거나 심지어 많은 경우도 있다. 다른 당 성분이 많이 들어 있음에도 "무가당", "무설탕" 등의 문구로 소비자를 현혹시키기도 한다. 또한, 일부 어린이 음료는 표기와 달리 비타민 C와 같은 영양 강화 성분이 표시된 양보다 부족한 경우도 많다. 어린이 음료는 결코 어린이를 위한 것이 아니다. 오로지 단맛을 좋아하는 아이들의 입맛과 설탕을 적게 먹이려는 부모들의 욕심을 절묘하게 눈속임하는데 급급한 것이 대부분이다.

아침식사 대용이나 간식용으로 즐겨 먹는 씨리얼의 경우에는 더 심각하다. 내용물의 30%가 설탕인 경우도 있다고 한다. 아무리 바빠도 씨리얼에 우유 한잔은 결코 현명한 식습관이 아니다. 차라리 계란에 주스 한잔이 좋을 것 같다. 계란의 콜레스테롤이 걱정이라고 할지 모르지만, 계란의 콜레스테롤은 걱정할 만한 수치가 아니다. 오히려 각종 영양 성분이 많아 아이들 영양식으로 추천할 만한 식품이다.

반가운 소식은 2006년 9월 8일부터 식품의 제조 과정에 사용되는 모든 원재료 및 첨가물을 빠짐없이 밝혀야 하는 식품완전표시제가 시행된 것이다. 지금까지는 가공식품의 경우 가장 많이 사용한 원재료 다

섯 가지만 표시하고 나머지는 자율이었다. 따라서 보통 소량 사용되는 첨가물은 표시하지 않는 경우가 많았다. 하지만 지금은 제품에 사용되는 첨가물을 모두 표시해야 한다. 현재는 영양 성분 표시 대상이 5대 영양소 외에 식이섬유, 비타민 A·C, 칼슘, 철 등 기타 영양소와 트랜스지방, 포화지방, 콜레스테롤, 당류 등으로 표시할 내용이 확대되어 시행되고 있다.

사실 과거에는 가공식품을 먹을 때에 어떤 성분이 들어 있는지 알 수 없어 먹으면서도 찜찜한 기분이 들 때가 많았다. 특히 우유나 땅콩 등에 알레르기가 있는 사람의 경우 가공식품을 먹는다는 것은 마치 러시안 룰렛을 하는 것이나 다름이 없었다. 하지만 식품완전표시제가 시행되면서 이런 걱정을 덜게 되었다. 이제 과자에 표시된 재료를 보고 아이들에게 골라서 먹일 수 있게 된 것이다. 하지만 '트랜스지방 제로'라고 트랜스지방이 전혀 들어 있지 않는 것은 아니며, 트랜스지방 대신 포화지방이 들어 있는 경우도 있다. 또한 표시된 성분 이름이 생소한 것이 많아서 소비자들이 좀 더 알아보기 쉽게 하기 위한 업계의 노력이 필요하다는 지적도 있다.

공업용 우지 라면과 쓰레기 만두 파동이 주는 교훈

1989년 '공업용 우지 라면' 사건으로 당시 매출 1위였던 삼양식품은 업계 2위로 주저앉았다. 또 수사 직후 서울 도봉동 공장 등 두 곳이 문을 닫았고, 전체 근로자의 20%인 1천여 명이 회사를 떠나야 했다. 업계에 따르면 ‘공업용 우지 라면’ 사건의 피해 규모는 2천억 원에 이른다. 하지만 결국 삼양사는 1997년 8월 대법원으로부터 무죄 판정을 받았다.

2004년에는 ‘불량 만두’ 사건으로 중소 만두 업체가 문을 닫고 만두 매출은 급감했다. 이 사건으로 만두제조업체 대표가 자신의 무죄를 주장하여 한강에 투신해 물질적 피해는 물론 인명피해까지 발생했다. 또 골뱅이 통조림에서 발암 의심 물질인 포르말린이 검출되었다고 보도해서 시끄러웠던 적도 있었다. CJ푸드서비스의 단체급식 식중독 사건도 마찬가지이다. 결국 기업은 이미지에 치명적인 상처를 입었지만 업체 측의 관리 소홀에 대한 책임을 물을 만한 어떤 근거도 찾지 못했다. 식중독이 아니라 노로바이러스에 의한 것으로 판명이 났기 때문이다.

김치 파동과 최근 국감자료에서 흘러나온 올리브유 파동까지, 식품사고 보도는 다른 사건에 비해 사회적 파장이 매우 크다. 그렇기 때문에 식품사고 수사와 보도는 매우 신중해야 한다. 또한 그 판단은 심증이 아니라 과학적이고 합리적인 근거를 바탕으로 이루어져야 한다. 그럼에도 불구하고 우리의 현실은 그렇지 못하다.

최근에 있었던 ‘올리브유 사건’의 경우 식약처에서 문제의 식품은 회수했으며, 나머지는 먹어도 상관이 없다고 했지만 이미 해당 업계는 큰 피해를 입었다. 검사나 국회 할 것 없이 일단 터트려 놓고 아니면 말고 식의 한탕주의식 사건 조사와 국정감사가 벌어지고 있는 것이다. 라면 파동 검사는 해당 업계에 엄청난 피해를 입히고도 승승장구 했다고 하며, 국회의원의 ‘일단 터트리기’는 여전히 책임을 물을 수 없는 상황이다. 위에서 열거한 사건 모두 사회적 물의를 일으킬 정도가 아니었음에도 불구하고, 회사가 문을 닫고 업체 사장이 자살하는 등 인적 물적 피해를 일으켰던 것이다.

쓰레기 만두 사건 당시 경찰에서는 엠바고 요청이 있었지만 언론은 국민들의 건강을 이유로 이를 보도해 버렸다. 문제는 경찰에서 무 자투리로 만든 만두가 언론에서는 쓰레기 만두라는 자극적인 용어로 돌변하고, 일부 지저분한 작업환경만 편파적으로 보도함으로써 상황을 극단적으로 몰고 갔다는 점이다.

220조가 넘는 국내 식품산업이 구멍가게에서 대기업까지 너무나 다양해 이를 정부에서 모두 관리한다는 것이 쉽지는 않을 것이다. 하지만 정부에서 인정한다거나 보증을 한다면 소비자는 가격에 상관없이 그 제품을 믿고 먹을 수 있어야 한다. 그렇지 않다면 또다시 식품 사고가 터질 때마다 우리는 홍역을 앓을 수밖에 없다. 정부와 기업, 시민단체와 언론 모두 국민인 소비자의 건강이 우선이라는 데는 이견이 없을 것이다. 이를 위해 정부는 식약처를 통해 식품업체에 대한 감시 감독을 더욱 철저하게 실시해야 한다. 식품업체는 소비자를 위하는 것이 기업이 사는 길이고 이것이 기업의 사명이라는 것을 확실히 인지하고, 소비자의 기대 수준에 부응하는 책임 있는 자세를 갖춰야 한다. 또한 시민단체와 소비자는 과학적 지식을 토대로 여론몰이에 현혹되지 않고 성숙한 시민의식을 가져야 더 값싸고 질 좋은 식품을 만날 수 있음을 명심해야 하겠다.

TV 밖의 CF 외전

과자는 악의 축?

뭐야, 뉴스잖아.
만화만 계속 틀어 주셈~
포테이

다음 뉴스입니다. 자녀들이 즐겨 먹는 과자,
이 과자가 건강에 해롭다고 합니다.
조사에 따르면

과자는 열량이 높아 비만의 원인이 되며
과자 속의 식품첨가물이
아토피를 유발하고
과자 속의 트랜스 지방이….

설탕과 나트륨이…
4
유전자 쪼작 농산물이 원료조…
밥을 안 먹어서 이로 인해…
5
…이런 것들이 문제가 되었습니다!
……
6
엄마!!
나, 이제 과자 안 먹고 담배 피우면 안 돼?

안정환과 김재원이 스치고 지나가며 서로의 피부를 유심히 본다. 김재원이 안정환을 보며, 속으로 감탄한다. '피부가 장난이 아닌데.' 안정환은 김재원의 속마음을 읽었는지 자신의 오른뺨을 만지며 '로션 하나 바꿨을 뿐'이란다. 잡티를 감춰주는 컬러로션을 바른 것이 시선을 사로잡은 비결이다.

>> 로 션 하 나 바 꾸 면 ? <<

#21-인현왕후의 처소.

숙종은 어머니의 무르팍에서 곤히 잠든 아기처럼 인현왕후의 치마폭에 쌓여 있다. 한편 희빈은 숙종의 사랑을 되찾은 인현왕후의 모습을 훔쳐보며, 절망한다. 인현왕후, 이영애가 낯게 울음 조리듯 사랑도 피부도 '처음으로 되돌려' 준 것은 환유고다.

로션 하나 바꾸면?

화장품을 바르면 정말 피부가 탱탱해질까? 많은 미녀들이 화장품 광고에 등장하여 자신과 같이 예뻐지려면 지금 광고하는 화장품을 발라야 한다고 소비자들을 유혹한다. 2006년 9월 중국에서 에스케이투(SK-II) 화장품에서 크롬과 네오디뮴 등 중금속이 검출되었다고 해서 떠들썩했다. 뒤이어 크리스찬 디올과 같은 세계 4대 화장품 메이커 제품에서도 중금속이 검출되었다는 뉴스 보도가 있었다. 결국 식품의약품 안전청에서 SK-II의 중금속이 인체에는 안전한 수준이라고 해서 일단락되기는 했지만 많은 소비자들은 아직도 찝찝한 마음을 완전히 털어내지 못하고 있다. 사실 화장품의 위해성에 대한 논란은 어제 오늘의 일이 아니다. 재미있는 것은 이러한 논란과 상관없이 화장품 시장은 해마다 성장하고 있다는 것이다.

'동안', '꽃미남', '얼짱', '쌩얼' 등 외모가 사회적으로 중요한 이슈가 되는 등 루키즘의 시대에는 남자가 화장하는 것도 당연하게 받아들여지고 있다. 그러나 한편에서는 지나치게 외모를 중시하는 세태를 비난한다. 하지만 자신에게 맞는 이미지를 연출하는 것은 대인관계에서 좋은 이미지를 제공할 수 있어서 사회생활에서 한층 자신감을 높이는 수단이 된다. 한 연구에 따르면 20대 여성에게 화장을 시킨 경우, 화장 전과 비교해 기분이 좋아지고, 자신감이 생기는 등의 변화를 볼 수 있었다고 한다. 아름답고 싶어 하는 것은 인간의 기본적인 욕망이다. 따라서 앞으로도 새로운 화장품이 끊임없이 쏟아져 나올 것이다.

피부도 아는 만큼 건강하고 아름답게 가꿀 수 있다. 최근에는 기능성 화장품뿐 아니라 천연 화장품, 한방 화장품, 유기농 화장품 등 웰빙 열풍을 타고 다양한 화장품이 등장하고 있다. 자신의 피부를 지키고 아름다움을 유지하고 싶다면 많은 화장품 중에서 어떤 것을 어떻게 바를 것인지 알아야 한다.

피부와 화장품

이나영도 30대로 접어들면서 피부 노화를 걱정한다. 왜냐하면 '30대 이상 건성피부의 78%가 다양한 피부 노화를 고민하기 때문이다.

많은 화장품 광고가 여성들의 나이에 따라 다른 제품을 사용해야 한다고 주장한다. 하지만 제품을 10년 단위 또는 나이별로 분류하는 것은 그저 마케팅 전략일 뿐, 피부 건강과는 아무런 상관이 없다. 피부는 건조도와 자외선으로 인한 피부손상, 피지분비량, 자극에 대한 예민함, 탄력, 여드름 등등에 따라 필요한 화장품이 다를 뿐 나이와는 아무런 상관이 없다. 이와 같이 화장품에 대해 다양한 상술에 속지 않으려면 화장품에 대해 잘 알고 있어야 한다.

화장품은 사람의 몸을 청결하게 하고, 아름답게 하며, 매력을 증가시키고 용모를 변화시키기 위하여 사용하는 것을 말한다. 화장품(cosmetics)이라는 단어는 코스모스(cosmos)에서 유래된 것으로 그 의미는 '질서 있는 체계', '조화'를 뜻한다. 즉, 화장은 자신의 외모에 새롭고 아름다운 질서를 부여하는 행위이다. 하지만 과도한 화장으로 원래의 아름다움을 망치거나 부작용에 시달린다면 차라리 안 하느니만 못하다.

화장품에 대해 이야기하기 전에 피부에 대해 알아두는 것이 엉뚱한 광고나 화장품 판매원의 달콤한 유혹에 넘어가지 않는 비결이다. 피부는 넓게 펼치면 1.6㎡나 되는 인체 최대의 장기로 표피, 진피, 피하조직으로 이루어져 있다. 표피는 각질층, 투명층, 과립층, 유극층, 지저층의 5개 층으로 이루어져 있다. 피부결을 결정하는 것은 표피의 가장 바깥 부분인 각질층으로 피부를 외부의 자극으로부터 보호하는 역할

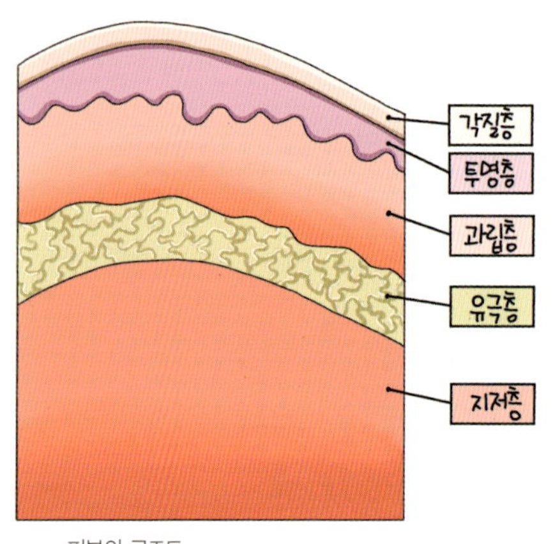

•• 피부의 구조도

을 한다. 사실 피부를 관리하는 것은 각질층을 관리하는 것이라고 해도 과언이 아니다.

보통 젊고 건강한 피부는 28일을 주기로 새로운 세포를 만들고 오래된 세포들을 피부 표면으로 밀어내는데, 이때 피부의 가장 바깥쪽으로 밀려 나온 세포들이 바로 각질이다. 각질은 간혹 때로 불리며, 피부를 지저분하게 보이게 하는 원흉이라는 오해를 받기도 한다. 각질층은 랩 한 장 정도의 두께로 매우 얇지만 우리 신체의 최전선에서 외부의 세균과 유해 물질로부터 신체 내부를 보호하고 진피의 수분 증발을 막는 역할을 한다. 피부를 관리하는 방법은 원리에 따라 두 가지가 있다. 원래 보호막인 각질을 보호해서 피부를 관리하는 것과 각질을 벗겨내고 인공으로 새로운 보호막을 설치하는 방법이다. 피지는 피부에 도움을 주는 상재균(常在菌)의 주식(主食)이며 생태적 환경이기도 하다. 이렇게 피지는 중요한 역할을 하지만 여성과 노인은 피지가 적게 분비되기 때문에 기초 화장품으로 부족한 피지를 보충하는 것이 좋다. 그러나 오자와 다카하루는 『화장품, 얼굴에 독을 발라라』(미토스, 2006)에서 요즘의 화장품은 피지를 없애고, 피부막 대신 합성수지 피막을 씌워 오히려 피부를 해치고 있다고 강하게 비판하고 있다.

진피는 표피보다 20~40배 가량 두터우며 피부 조직의 90% 이상을 차지하는 실질적인 피부이다. 진피 조직은 비탄력적인 콜라겐과 탄력적인 엘라스틴 섬유 및 무코다당류로 구성되어

•• 콜라겐(collagen): 결합조직의 주성분. 뼈, 피부 따위에 있는 경단백질.

있으며 피부의 탄력적 균형유지와 윤기 및 긴장도를 유지하는
데 중요한 역할을 한다. 엘라스틴이 노화되면 피부의 탄력감이
떨어지고 영양이 결핍되어 위축된 피부가 된다.

2006년 태평양에 따르면 19~55세 국내 성인 여성 1,800명
을 대상으로 '화장품 사용과 태도'를 조사한 결과 30대 여성
은 기초(7.8개) 및 색조(7.2개) 등 평균 15개의 화장품을 사용,
20대(12.9개)보다 2개 이상 더 쓰고 있다고 한다. 그 각각의 화
장품에 평균 15~20종의 성분이 들어 있다. 따라서 우리나라 여성들은
200~300여 종의 화학물질을 피부에 바른다는 뜻이다. 물론 화장품 업
체에서 과거와 같이 납이나 비소와 같은 유해한 성분을 첨가하는 것은
아니다. 하지만 이렇게 많은 물질에 피부를 계속 노출시킨다면 얼마든
지 문제가 생길 수 있다.

자외선이 참으로 음란하구나!

김태희는 태양과 숨바꼭질을 하며 자외선을 피하려고 한다. 김
민정은 영화 「음란서생」을 패러디한 광고에서 자외선이 자신의 피
부에 닿는 것을 음란하다고 말한다.

여름만 되면 화장품 업계에서는 앞다투어 자외선 차단제 광고를
한다. 이는 자외선이 피부를 노화시키기 때문이다.

자외선은 파장에 따라 A, B, C로 나누는데 가장 에너지가 많은 자외선 C는 대기권에서 거의 흡수되어 지상에는 도달하지 않는다. 문제는 자외선 A와 B이다. 이중 자외선 B가 에너지가 더 높기 때문에 과거에는 자외선 B를 막는데 주력했으나 최근에는 자외선 A까지 막는 차단제들이 일반화되었다.

자외선 차단제를 살펴보면 SPF(Sun Protection Factor)와 PA(Protection grade of UVA)란 표시가 되어있는 것을 볼 수 있을 것이다. SPF는 자외선 B를 막아내는 지수를 뜻하고, PA는 자외선 A를 막아내는 정도를 나타낸다. SPF는 숫자로 표시하고, PA는 +로 표시한다. SPF 숫자가 높을수록 자외선을 잘 막아 주지만 수치에 비례하지는 않는다. SPF 15는 자외선 B를 92%, SPF 30은 96.7%, SPF 40은 97.5% 정도 차단하기 때문에 SPF 30과 40은 거의 차이가 없다고 할 수 있다. 따라서 아무리 강한 자외선이 내리쬐는 해변이라도 SPF 30정도면 충분하며, 지수가 높은 것을 한 번 바르는 것보다는 충분한 양을 자주 바르는 것이 좋다.

자외선 차단제가 자외선을 차단하는 방법에는 물리적 방법과 화학적 방법이 있다. 물리적 방법은 자외선을 산란시켜 피부 내부로 들어가는 것을 막는 방법이다. 물리적 차단제의 대표적인 성분이 이산화티타늄(TiO_2)이다. 자외선 차단제가 수정액처럼 보이는 것은 바로 이 성

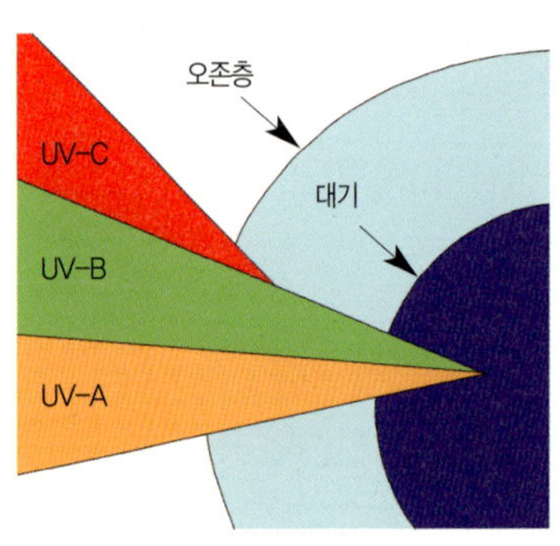

•• 멜라닌은 피부를 손상시키는 자외선을 선택적으로 차단하는데 자외선 B와 C는 흡수하는 반면 자외선 A는 투과한다. 이것은 자연의 오류가 아니고 피부를 그을리게 함으로써 스스로를 보호하는 아주 교묘한 방법이다. 실제로 피부는 기저부로 투과되는 비교적 해가 없는 자외선 A의 양을 검사하는 기능이 있다. 그리고 자외선 B와 자외선 C를 차단하기에 딱 적당한 만큼의 멜라닌 색소만 만들어 낸다. - 『달걀 껍질 속의 과학』

분 때문이다. 화학적 방법은 PABA(Para-aminobenzoic acid)와 같은 성분이 자외선을 흡수하는 성질을 이용한 것이다. 화학적 차단제는 보기에 좋고 바르기 편리하지만 피부에 문제를 일으키는 경우가 간혹 있다. 최근에는 이 두 가지 성분을 배합한 제품들이 많이 등장하고 있다. 순한 차단제를 원한다면 이산화티타늄이나 산화아연(ZnO)이 첨가된 것을 선택하는 것이 좋다.

•• PABA(파라옥시안식향산): PABA는 독성이 있는 것으로 알려져 그 유도체들이 많이 사용된다. 이 때문에 PABA를 사용하지 않는 "PABA free" 제품이 나온 것이다.

자외선은 분명 피부를 노화시킨다. 문제는 자외선 차단제에 있다. 소위 전문가라고 하는 사람들이 여름철만 되면 뉴스에 등장해서 자외선은 피부를 노화시키며, 피부암과 색소 침착을 일으킨다고 겁을 준다. 여기서 피부 노화와 색소 침착을 방지할 목적이라면 자외선 차단제는 효과가 있다. 하지만 피부암을 방지하는지에 대해서는 다시 생각해 보아야 한다. 암은 자외선에 의해서도 생길 수 있지만 인공적인 화학물질에 광범위하게 노출될 때도 생길 확률이 높아진다. 서양에서는 수십 년간 자외선 차단제 보급에 엄청난 비용을 투입했지만 피부암이 줄어들기는커녕 계속 증가하고 있다. 물론 자외선 차단제의 사용과 피부암 사이에 수치상으로 밀접한 상관관계가 있다고 해서 반드시 자외선 차단제가 피부암의 원인이라고 단정 지을 수는 없다.

꼭 모든 자외선을 차단해야 하는지도 의문이다. 인류가 진화하는 과정에서 멜라닌 색소는 대단히 중요한 역할을 했다. 멜라닌 색소가 너무 적으면 자외선의 공격을 걱정해야 하지만 너무 많으면 충분한 양의 비타민 D를 합성하지 못한다. 그래서 적도 지방의 흑인들은 피부에 멜라닌 색소의 양이 많고 지중해의 백인들은 색소가 적은 것이다. 우리의 신체는 놀랍게도 피부에 해로운 자외선 B(자외선 A보다 1,000배나 더 해롭다)는 멜라닌 색소를 통해 차단하고, 자외선 A는 투과시킨다. 투과된 자외선 A는 멜라닌 색소를 형성하여 다시 자외선 B를 차단한다. 과거 생존에 있어 피부의 주름은 큰 문제가 아니었기 때문에 이 정도면 우리 몸은 없어진 털을 대신해 자외선에 대해 놀랍도록 잘 적응했다고 볼 수 있을 것이다.

지금 밖은 따스한 햇살이 내려쬐고 있다. "봄볕에는 며느리를, 가을볕에는 딸을 내보낸다."는 말에서와 같이 따스한 햇살은 우울증이나 건선과 같은 여러 가지 질병의 치료에 효과적이다. 따스한 햇살이 참 좋다. 자외선이야 내려쬐든 말든…….

한방화장품과 천연화장품이 더 좋다?

갖가지 한약 재료에 발효의 시간을 더하면 탤런트 수애와 같이 아름다워질 수 있는 수려한 화장품이 탄생한다. 이영애와 같은 기품 있는 황후가 되기 위해서는 하늘의 기운을 얻을 수 있는 천기단 진율 진액이 필요하다. 영양가 많은 호박과 벌꿀을 준비해 피부에 발라야 성유리처럼 매끈한 피부가 되고, 황토무스를 사용해야 피부가 고요해질 수 있다.

웰빙 열풍이 사회 전반에 걸쳐 거칠게 몰아치고 있다. 화장품 업계

라도 예외는 아니다. 화장품 업계는 웰빙 열풍에 편승해 '한방', '천연', '유기농', '자연' 등을 내세우며 신제품 개발에 열을 올리고 있다. 물론 이런 공식적인 분류가 있는 것은 아니다. 소비자들은 천연 성분과 화학물질이 따로 있다고 생각하고 싶겠지만 과학적으로 이러한 구분은 아무런 의미가 없다. 과학적으로 모든 물질은 화학물질이다. 천연 성분은 수백만 가지의 알려진 혹은 전혀 모르는 성분으로 이루어질 수 있으며, 이것이 모두 피부에 좋은 것은 아니다. 게다가 식물에서 성분을 추출하기 위해서 쓰이는 유도 성분들은 거의 모두가 합성이며 비자연적 물질이다. 식물에서 오일이나 그 밖의 성분을 추출하려면 화학적 공정을 거쳐야만 한다. 또한 약초나 식물을 재배한 땅이 오염되어 있을 가능성도 있다. 우리가 그토록 중국산을 못 미더워 하는 것도 중국산의 상당수에 중금속과 같은 오염물질이 들어 있기 때문이 아닌가.

2005년 소비자보호원의 조사에 따르면 '천연재료의 무방부제 천연 화장품', '인공파라벤이나 합성화학원료를 사용하지 않은 화장품',

'100% 천연원료로 만든 화장품' 등으로 광고하고 있는 천연 화장품 10종 중 7종에서 메칠파라벤, 페녹시에탄올 등의 방부제가 검출되었다고 한다. 화장품, 특히 영양크림은 물과 기름을 유화시켜 만든다. 기름은 쉽게 산화되고 냄새도 난다. 따라서 화장품에는 방부제와 향료 등이 첨가되어야 하는데 '자연=무첨가', '무첨가·무향료=안전' 이라는 오해가 오히려 필요한 화장품 첨가물을 기피하게 만들었다. 이 때문에 간혹 천연 화장품이나 무첨가 화장품에서 세균으로 오염되는 결과가 발생하는 것이다. 천연 화장품 역시 알레르기와 자극을 일으킬 수 있으며, 일반 화장품보다 보존기간이 짧아 개봉 후 빠른 시일 안에 사용해야 한다.

유기농 농산물에 대한 소비자들의 신뢰를 이용한 얄팍한 상술도 등장했다. 바로 유기농 또는 오가닉(organic) 화장품이 바로 그것인데, 현재 우리나라에는 유기농 화장품 인증제도라는 것이 없다. 따라서 업자가 유기농 화장품이라고 주장하더라도 그것이 일반 화학물질 성분에 비해 피부에 자극을 덜 준다는 과학적 근거는 없다. 오히려 유기농 화장품을 지나치게 쓸 경우 피부염 악화 등의 부작용이 생길 가능성도 크다.

조폭들의 전유물로 여겨졌던 문신이 몇몇 연예인을 통해서 일반화되기 시작했다. 이러한 문신은 흔히 패션 문신이나 헤나문신으로 불린다. 영구 문신이 아니라 헤나라는 식물성 염료를 사용해서 염색을 한다. 하지만 예쁜 모양만 찾다가 자칫 부작용이 생길 수도 있다. 2019년 소비자보호원의 「헤나 문신 염료 안전실태 조사」에 따르면 조사대상 헤나 문신 염료 20개 중 6개 제품(30.0%)에서 니켈과 호기성 세균이 검출되었다. 2005년에 조사에 비하면 안전성이 조금 향상되었으나 여전히 문제가 많다. 이 때문에 미국 FDA는 천연헤나에 대해서도 염모제 외에 문신 등 피부에 직접 사용하지 못하게 하고 있으며, SCCMFP는 수년 동안의 시험으로 헤나는 변이원성(變異原性: 암과 돌연변이를 유발한다)이 강해 화장품과 머리 염색약으로는 사용할 수 없다고 결론지었다. 이처럼 천연물이라고 안전하고 합성물질이라고 불안하다는 생각만큼 비과학적이고 어리석은 생각도 없다.

•• SCCNFP(Scientific Comittee of Cosmetics and Non Food Products): 유럽연합(EU)의 화장품 비식품과학위원회.

멘톨(menthol)과 페퍼민트(peppermint)는 천연서 나온 물질이지만 둘 다 피부에 심한 자극을 주며 끔찍한 결과를 초래한다. 실리콘(silicon)과 스테아릴알코올(octadecyl alcohol)은 합성물질이지만 피부에 바르면 놀랄 만큼 부드럽기 때문에 화장품의 필수 성분으로 쓰인다. 물론 이 두 물질이 피부를 좋게하는 필수 성분은 아니지만 확인되지 않은 성분이 많이 포함된 천연재료보다 오히려 더 안전할 수 있다는 말이다. 우리 피부는 천연물질인지 합성물질인지에 따라 반응하는 것이 아니라 분자의 구조에 따라 반응한다. 따라서 같은 분자 구조라면 피부는 두 분자를 구분하지 않으며 구분할 방법도 없다.

기능성 화장품은 어떤 기능이 있다는 것일까?

요즘은 '기능성의 시대'라고 할 만큼 기능성 제품들이 많이 등장한다. 식품에서 화장품까지 '기능성'이라는 말이 붙지 않으면 오히려 아무런 효과가 없는 저급 상품이라는 인상을 줄 정도이다. 따라서 해마다 전체 화장품 매출에서 기능성 화장품이 차지하는 비율이 크게 증가하고 있다. 이렇게 기대를 많이 하는 기능성 화장품이 오히려 부작용을 일으키는 경우도 많다. 소비자보호원에 따르면 기능성 화장품을 사용한 소비자 중 43.3%가 사용을 중단한 경험이 있었으며, 그 이유는 '부작용이 발생해서(38.5%)'라고 한다.

기능성 화장품이나 피부 치료제는 증상을 개선하거나 치료하는 것을 목적으로 하기 때문에 부작용이 없어야 하며, 화장품은 미용을 목적으로 하기 때문에 부작용이 있을 수 있다고 생각하는 사람들이 있다. 하지만 이것은 잘못된 생각이다. 화장품은 일반 사람들이 사용하기 때문에 누구나 사용해도 안전해야 한다. 이와 달리 피부 치료제는 피부에 탈이 난 사람이 치료를 위해 사용하기 때문에 간혹 부작용이 있을 수도 있다. 이 때문에 피부 치료제를 병원에서 의사 처방에 따라 경과를 지켜보며 사용하는 것이다. 기능성 화장품의 경우 화장품과 피부 치료제의 중간 성격의 제품으로 약간의 부작용이 있을 수 있다는 것을 염두에 두어야 한다.

1970년대 이후부터는 메이크업 화장품의 확대가 이루어졌으며 기초화장품 분야에도 많은 발전이 있었다. 1980년대에는 생명공학과 피부과학 기술을 응용한 바이오 화장품(biocosmetics), 노화억제(antiaging) 화장품, 민감성(hypoallergy) 화장품 등 피부에 안전하면서 효과를 줄 수 있는 제품들이 개발되었고, 1990년대에는 '자연으로 돌아가자' 는 캠페인으로 에콜로지(ecology) 및 내추럴(natural)을 지향하는 환경친화적인 화장품, 식물성 성분을 함유한 화장품, 또한 향기요법을 응용한 화장품이 소개되었고, 2000년대에 이르러 항 노화, 자외선 차단, 미백 화장품 등 기능성 화장품의 개발이 활발하게 이루어지고 있다.

　　이렇게 많은 종류의 기능을 가진 제품들이 출시되고 있지만, 식품의약품안전청에 의해 그 기능을 인정받은 화장품은 모두 단일한 표시를 하게 되어 있다. 바로 기능성 화장품(cosmeceuticals)이라는 표시이다. 특정 효능과 효과가 강조된 화장품과 의약부외품의 중간쯤 되는 기능을 가지고 있는 것을 기능성 화장품이

•• 의약부외품(醫藥部外品: 인체에 대한 작용이 경미한 약품. 붕대, 반창고, 거즈 및 이와 유사한 물품, 파리약, 염색제, 탈모 방지, 콘텍트렌즈 관리 용품 등이 있다.

•• 화장품은 매일 또는 오랜 기간에 걸쳐 반복적으로 사용하는 것이기 때문에 사용상의 안전함은 물론 부작용이 절대로 없어야 하지만 의약품은 질병에만 사용되기 때문에 병을 치료하는 것이 최선의 목적이며, 치료에 효능, 효과가 있는 반면에 부작용을 일으키는 양면성이 있다. —「화장품 화학」

라고 한다. 화장품은 사용 대상, 사용 목적, 사용 기간, 인허가 조건 등 여러 가지 측면에서 의약품 또는 의약부외품과는 다르다. 화장품은 건강한 사람을 대상으로 하여 인체를 청결하게 하고 건강하게 유지하는 것이 목적이지만 의약품은 질병을 가진 사람이나 동물의 진단, 치료, 처치 또는 동물의 신체구조나 기능에 생리적인 변화를 주는데 목적이 있다. 따라서 의약품은 신체에 대한 약리작용이 강하기 때문에 부작용이 있을 수 있어 자격이 있는 의사나 약사를 통해 구입하도록 하는 것이다.

화장품 관련법에 따르면 화장품 중 피부의 미백, 피부의 주름 개선, 피부를 곱게 태우거나 자외선으로부터 피부를 보호하는데 도움을 주는 제품에 한하여 기능성 제품으로 인정한다. 따라서 여드름을 줄여준다거나 노화 방지와 피부 건조 개선과 제품들은 기능성 화장품이라고 표시할 수 없다. 기능성 화장품에 사용할 수 있는 성분은 새로운 연구에 따라 해마다 증가하고 있으며, 2020년 상반기 8,348건에 이르는 엄청난 양의 화장품이 기능성 화장품으로 식약처에 심의를 신청했다고 한다. 식약처는 신청된 화장품을 시험하여 화장품의 기능성이 인증되면 화장품에 '기능성 화장품'이라는 표시를 할 수 있도록 허가를 한다. 따라서 이러한 기능을 원하는 소비자들은 기능성 화장품의 표시를 확인하고 제품을 구입하면 된다.

정말 효과가 있을까?

시중에 판매되고 있는 수많은 화장품 중에서는 다른 화장품과 다르게 보이기 위해 여러 가지 근거 없는 주장을 남발하는 화장품들이 많다. 실제 제품이 효과가 없는데도 효과가 있다고 주장하거나 효과를 과장한 경우, 과학적인 근거도 없는데 마치 시험을 거친 듯한 인상을 주는 것이다.

이산화티탄이 포함되었다면 자외선 차단 기능성 화장품이라고 표시할 수 있다. 미백에는 알부틴, 주름 개선에는 레티놀 성분이 포함되어 있으면 기능성 화장품이라고 표시 가능하다. 이러한 화장품의 경우 법적으로는 아무런 문제가 되지 않는다. 하지만 이런 성분 함량이 부족하면 제대로 효과를 보기 어렵다. 또한 기능성 화장품이 마치 의약품인 양 오인하도록 광고하는 것도 문제다. 이러한 광고는 교묘하게 기능성 화장품에 대한 소비자의 기대를 이용한다. 이 때문에 많은 소비자들이 기능성 화장품에 대해 불만을 토로하는 경우가 많다. 제조사의 과장광고도 문제지만 소비자들의 지나친 기대도 문제라고 할 수 있다.

기능성이 확인되지 않은 제품들을 마치 기능성 화장품인 것처럼 판매하는 경우도 있다. 의학계에서 효모 추출 단백질로 피부 노화를 막는 연구를 하는 것에 착안, 화장품 업계에서는 효모를 이용한 효모 화장품을 만들었다. 의학계에서 효모 추출 단백질에 대해 연구하는 것은 사실이지만 이를 화장품으로 만들었을 때 어떤 효능이 있는지는 아직 밝혀진 바가 없다. 이 때문에 아직 식약처에서 효모 화장품으로 '기능성'을 인정받은 화장품이 없는 것이다.

2004년도에는 동물의 태반(胎盤)으로 만든 화장품을 몰래 들여와 기능성 화장품으로 판매하다 단속된 적도 있었다. 이 화장품은 정식 허가를 받지 않아 미용실 등에서 고가로 판매 되었다. 문제는 이렇게 불법 유통되는 경우에는 위생에 문제가 있는 경우가 많기 때문에 효과는커녕 부작용으로 고생하는 경우가 더 많다. 당시 태반 추출 화장품 중 일부에서는 골수염을 일으킬 수 있는 미생물도 발견되었다.

최근에 비타민에 대한 관심이 높아지면서 먹는 비타민이 아니라 바르는 비타민 화장품도 많이 출시되고 있다. 하지만 바르는 비타민은 진짜 비타민과(영양제처럼) 같은 기능을 하지 않는다. 피부의 표면에서는 물론 피부 속에서도 마찬가지다. 건강의 관점으로 보자면 포도 주스나 녹차 등을 마시는 것은 좋은 일임에 틀림이 없다. 녹차나 홍차 추출물이 피부에 어떤 긍정적인 효능을 낼 수 있으나 이것이 피부에 어떻게 작용할지는 알 수 없기 때문에 기능성 화장품은 아니다.

최근 영양제뿐 아니라 화장품의 성분으로 '코엔자임 Q10(CoQ10)' 이 주목을 받고 있다. 일본에서는 작년에 이어 올해에도 가장 주목 받는 성분이기도 한다. 코엔자임(coenzyme)이라는 것은 조효소를 의미한다. 효소(enzyme)는 촉매와 같이 각종 화학반응에서 자신은 변화하지 않으나 반응을 도와주는 단백질을 말한다. 조효소는 효소에 결합해 효소가 다양한 역할을 할 수 있게 해주는 역할을 한다. 코엔자임 Q의 경우에는 미토콘드리아에 존재하는 조효소라는 뜻이다. 미토콘드리아는 우리 몸의 모든 세포에 있기 때문에 코엔자임 Q는 몸 전체에 분포한다. 따라서 코엔자임 Q10은 주름을 줄여 준다는 것과는 전혀 상관이 없는 이유로 각광받는다고 할 수 있다. 이 성분은 여러 연구를 통해 충분히 증명된 건강 영양소다. 코엔자임 Q10은 심장 주변에 특히 많이 분포하기 때문에 코엔자임 Q10은 여러 종류의 심혈관성 장애, 심장발작, 고혈압 등의 질병을 예방하고 치료하는 효능으로 주목을 끈 것이다.

또한, 화장품 광고를 보면 스위스의 어떤 연구소에서 연구했다거나 새로운 기술로 만들었다는 식의 권위에 호소하는 광고가 많다. 하지만 그것이 화장품의 효과를 입증하는 근거는 아니다. 기능이 있다거나 기능성이 있다고 꼭 좋은 제품이라고 할 수 없기 때문에 꼼꼼하게 따져 보고 제품을 선택해야 한다. 먹어서 몸에 좋다는 것이 화장품으로 만들었을 때 기대할 만큼의 효능을 내는지 의심스러운 경우가 많기 때문이다.

여성지에서 이야기하는 화장품의 효능에 대해서도 의심이 들 때가 많다. 여성지의 경우 화장품 회사가 가장 큰 광고주이기 때문에 그들의 심경을 불편하게 하는 기사를 싣기 어렵다. 따라서 효능에 대한 기사 뒤에 따라 오는 관련 화장품 소개는 별로 믿을 것이 못 되는 경우가 많다.

꼼꼼한 당신이 아름답습니다

2008년 화장품법 시행규칙이 개정되어 화장품 제조에 들어가는 모든 성분을 표시하도록 '화장품 전성분 표시제'를 실시하고 있다. 뒤늦은 감이 있지만 지금이라도 소비자의 알권리를 보장하기 위해 꼭 필요한 조치라고 할 수 있다. 이 제도가 시행되면 소비자는 화장품에 어떤 성분이 들어가 있는지 알 수 있게 된다. 지금은 제조사가 일부 성분만 표시를 하고 있어 사실 화장품에 무엇이 들어가는지 도무지 알 길이 없다. 그렇다면 화장품에는 도대체 어떤 원료들이 들어가는 것일까?

우선 화장품에서 가장 많이 사용되는 성분은 계면활성제이다. 계면활성제(또는 유화제)는 기름과 물을 섞이도록 하는 역할을 한다. 오늘날 화장품 분야에서 제형(劑形: 의약품을 사용 목적이나 용도에 맞는 형태로 만든 것) 연구의 목적 중 하나는 자극이 낮은 계면활성제를 사용하여 가급적 적은 양으로 안정된 제품을 만드는 데 있다. 이는 대부분 계면활성제의 함량이 많을 경우 피부의 건조, 거칠음, 각질, 홍반을 야기할 수 있기 때문이다. 피부 자극의 정도는 사용된 계면활성제의 종류, 농도, 피부에의 접촉 시간에 따라 다르다.

계면활성제는 친수성기(물과 친화성이 강한 원자단)의 이온성에 따라 음이온성, 양쪽성, 비이온성, 양이온성으로 구분할 수 있다. 친수성기의 이온성에 따라 서로 다른 안전성을 나타내는데 일반적으로 피부 자극의 순서는 양이온성 〉음이온성 〉양쪽성 〉비이온성이다. 따라서 기초화장품 분야에서는 피부 자극이 가장 적은 비이온성 계면활성제를 가장 많이 사용한다.

'땀이나 물에 쉽게 지워지지 않는' 파운데이션과 립스틱이 앞 다투어 나오면서 실리콘수지, 즉 실리콘이 색조화장품에 쓰이기 시작했다. 실리콘은 통기성이 약한 반면 발수성(물을 튕겨내는 성질)이 뛰어나 땀이나 침에 녹지 않는다. 파운데이션이나 립스틱 성분표시의 디메티콘, 트리메티콘 하는 '-메티콘' 이 대표적인 실리콘이다. 잘 지워지지 않게 만든 화장품은 위험한 것이다. 이는 곧 보다 강한 세안제를 써야 한다는 것을 의미하기 때문이다.

최근에는 화장품에도 나노테크놀로지(1nm=100만분의 1m)가 유행인데, 입자가 작을수록 피부에 밀착되고, 모공에까지 들어가 지우기 어렵다. 그 결과 클렌징의 세정력은 더 세지고 있다. 세정력이 강하면 피지도 같이 씻겨 나가게 된다. 그 결과 피지량이 감소하고 피부의 수분도 날아가 줄어들게 된다.

2003년도 녹색소비자연대의 조사에 따르면 모든 피부과 의원(서울 경기지역 15곳 대상)에서 화장품을 판매하였다. 판매한 화장비누 및 클린저의 경우 'Medicare', '임상연구' 등의 문구가 용기에 표시되어 있으며 '화장품을 포함한 다른 피부 개선제품들과 함께 사용 가능', '피부과 전문의가 만듦' 등의 광고를 하는 경우도 있었다. 병원이라고 해도 이러한 표기와 광고는 모두 화장품법 위반이다.

아름다워지고 싶은 인간의 기본 욕망을 이용한 상술은 어디서나 볼 수 있다. 이러한 꼬임에 넘어가지 않으려면 꼼꼼하게 살펴야 한다.

화장품, 다 바를 수 없고 버릴 수도 없고

부쉬
부쉬
부쉬
후, 화장품으로 가려지긴 하는데….
지우면 엉망이네.
좋다는 화장품으로 바꿨는데….
아… 어떡해 이제!!
안바르면 나가지도 못하고!!

요즘 개그 프로그램에서 많은 인기를 끌고 있는 사모님 김미려. 그녀가 김 기사를 대동하고 나이트 클럽을 찾는다. 입구에서 문지기가 사모님을 막으며 30대 출입금지라는 표지판을 가리킨다. 사모님은 "아우~ 나 82야!"라며 우겨보지만 문지기 남자의 눈은 제대로 쳐다보지 못한다. 사모님이 나이보다 늙어 보이는 것은 '미리미리 밀크'를 마시지 않아서다.

>>   체질을 바꿀까, 우유를 바꿀까? <<

"52, 40, 7······오케이!" 윤다훈의 꿈속에 나타난 백발의 도사가 로또 번호를 점지해 준다. 하지만 번호가 기억나지 않아 도사에게 다시 번호를 묻는다. 도사는 자신이 불러준 번호를 다 기억하지 못한다. 윤다훈은 우유를 마시다 보면 생각날 거라며 계속해서 우유를 따른다. '미리미리 밀크'를 안 마셔서 기억력이 안 좋다는 것이다.

체질을 바꿀까, 우유를 바꿀까?

　　"우유~♬ 좋아~ 우유~♬ 좋아~"라는 우유송이 배경에 깔린다. 흰 우유 수염이 입가에 그려진 아이 얼굴을 보고 있으면 우유만큼 아이들에게 좋은 식품이 또 있을까 싶다. 아이들의 건강을 위해서 우유를 마셔야 한다는 광고는 한두 편이 아니다. 심지어 한국 낙농육우협회와 농림부의 '우유마시기 캠페인' 광고는 공익광고처럼 보이기도 한다. 최근의 낙농자조활동자금 관리위원회의 '우유 소비 촉진 캠페인'인 '미리미리 밀크' 시리즈 또한 비슷하다. 윈스턴 처칠이 "나라의 장래를 위해 할 수 있는 가장 안전한 투자는 어린이들에게 우유를 먹이는 일이다."라며 우유의 효용성을 극찬한 바 있다. 처칠이 우유를 극찬한 것은 우유에 단백질, 지방, 유당, 칼슘, 인, 마그네슘 외에

도 미량의 미네랄과 각종 비타민 등 100여 종의 영양물질이 골고루 들어 있기 때문이다. 우리가 건강에 필요한 영양소를 얻기 위해서는 일반적으로 다양한 식품을 섭취해야 하지만, 우유에는 거의 모든 영양소가 균형 있게 함유되어 있어 완전식품으로 분류된다.

하지만 일부 의사들과 관련 전문가들은 누구나 우유를 먹어야 한다는 것에 강력한 의문을 제기한다. 우유 반대론자 가운데 가장 널리 알려진 사람은 『오래 살고 싶으면 우유 절대로 마시지 마라』(이지북, 2003)의 저자 프랭키 오스키 박사. 그는 자신의 책을 통해 우유가 완전식품이라는 세간의 의견에 대해 많은 자료를 제시하며 이에 반대한다. 환경운동가인 존 로빈스 또한 우유가 완전식품이라는 도그마에 대해 의문을 제기하는 사람이다. 그는 세계 최대의 아이스크림 회사인 '베스킨 라빈스'의 유일한 상속자 자리를 던져 버린 독특한 경력의 환경운동가이다. 존 로빈스는 『음식혁명』(시공사, 2002)을 통해 각종 유제품과 육식에 대해 많은 비난을 가하고 있다. 이 외에도 적지 않은 사람들이 꼭 우유를 마셔야 한다는 생각에 제동을 걸고 있다.

우유가 흰색이기 때문에 백인들이 선호한다는 주장도 있으며, 낙농업계의 강력한 로비가 우유와 유제품의 소비를 촉진시켰다는 이야기도 있다. 물론 낙농업계와 영양학자 등 많은 사람들이 우유는 우수한 식품으로 앞으로도 계속 마셔야 하며, 부족할 경우 성장기 아이들에게 좋지 않은 영향을 줄 것이라고 경고한다. 그렇다면 누구의 주장이 옳은 것일까?

무슨 우유가 이렇게 많지?

흔히 우유의 종류라면 흰 우유나 바나나 우유, 딸기 우유 정도를 떠올리겠지만 자세히 보면 우유의 종류는 의외로 많다. 저지방 우유나 무유당 우유뿐 아니라 멸균 우유, 무균질 우유, 강화 우유, 가공 우유, ESL 우유, 1등급 우유, 유기농 우유 등등 여러 가지이다.

이제부터 종류별로 우유에 대해 알아보자. 우유 업체들은 '1등급 원유'만을 사용한다고 강조한다. 여기서 1등급 우유는 원유 1ml 속에 세균 수 10만 마리 이하, 소의 체세포가 20만 개 미만으로 포함되어 있는 원유를 말한다. 따라서 1등급 원유는 젖소의 건강 상태나 관리 상태나, 맛이나 영양가가 1등급임을 의미하는 것은 아니다.

우유는 온도에 따라 초고온 순간 살균(130~150℃에서 0.5~3초), 고

온 단시간 살균방법(72~75℃에서 15~20초), 저온 장시간 살균방법(63~65℃에서 30분)으로 나뉜다. 멸균 우유는 135~150℃ 온도에서 3~5초 정도 살균하는 초고온 순간 살균법을 쓴다. 이 과정을 거치게 되면 세균뿐 아니라 세균의 포자까지 거의 사라진다. 여기에 일곱 겹이나 되는 테트라팩(Tetra-Pak: 특수 포장 용기)을 사용하여 진공 포장을 하면 6개월 동안 보관할 수 있다. 미군들이 본토의 우유를 먹을 수 있는 것도 바로 이러한 처리 방법 덕분이다. '유통기한 연장(ESL: Extended Shelf Life) 우유' 또한 일종의 멸균 우유인데, 유통기한 연장이라는 말보다는 ESL이라는 문구가 좀 더 고급스러운 분위기를 내기 때문에 이 용어를 사용하는 것 같다. 매일유업은 ESL공법을 통해 신선한 우유를 공급한다고 이야기 한다. 무균시스템으로 우유의 유통기한을 늘린 것은 뛰어난 기술이기는 하지만 유통기한 늘린 것을 신선함으로 광고하는 것이 더 뛰어난 발상인 듯하다.

무균질 우유는 균이 없다는 뜻이 아니다. 간혹 이 우유를 흔들어 마시는 사람이 있다. 이는 무균질 우유의 경우 우유 표면에 크림라인(지방층)이라는 형성되기 때문에 이를 섞어서 먹기 위한 것이다. 하지만 무균질 우유를 좋아하는 사람들은 이 크림라인의 부드럽고 진한 맛을 좋아한다. 일반 우유들은 크림라인이 생기지 않게 지방 알갱이(지방구)를 잘게 부수어 섞이도록 만드는데 이러한 우유를 균질 우유라고 한다. 즉 지방구를 잘게 부수지 않은 우유가 무균질 우유인 것이다.

최근 등장한 '유기농 우유'에 대해 전문가들은 대체로 '기존 우유와 큰 차이가 없다'는 입장이다. 유기농으로 재배한 사료를 먹인다고 해서 우유의 품질이 좋아진다는 과학적 근거가 없기 때문이다.

강화 우유는 원유에 비타민이나 미네랄 등 원래 들어 있는 영양분을 강화한 우유이며, 가공 우유는 원유에 들어있지 않은 DHA, 오메가3 같은 성분을 넣은 것을 말한다. 최근 DHA나 오메가3, 타우린, 비타민 E 등을 첨가해 '브레인 푸드'로 불리는 우유도 있지만 이러한 가공 우유가 실제 뇌의 활동을 도와줄 수 있는지는 의심스럽다. 고등어 한 마리 속에 포함된 만큼의 DHA를 섭취하려면 우유를 60잔이나 마셔야 하는데, 단지 DHA가 목적이라면 고등어를 먹는 것이 더 현명하다.

가공 우유 중에는 몸에 좋은 검은 콩이나 호두와 같은 곡물이나, 딸기나 바나나와 같은 과일을 갈아 넣었다는 소위 '웰빙 우유'도 있다. 이러한 우유 들은 우유의 영양과 곡물이나 과일의 영양을 함께 섭취할 수 있다고 주장한 다. 그러나 소비자보호원의 조사에 따 르면 이들 '웰빙 강조' 우유들이 실제 로는 당 함량이 높고, 색소 등을 첨가했 음에도 천연과즙만 넣은 것처럼 표시하

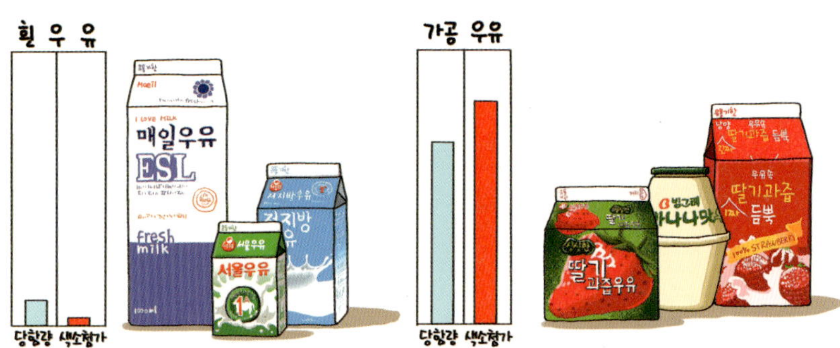

.. 소비자보호원의 조사에 따르면 이들 '웰빙 강조' 우유들이 실제로는 당 함량이 높고, 색소 등을 첨가했음에도 천연 과즙만 넣은 것처럼 표시하는 등 소비자를 오인시킬 우려가 있다고 밝혔다. 이들 우유는 일반 우유보다 당 함량이 높았으며, 상당수의 제품은 탄산음료와 비슷한 정도의 당이 함유되어 있다고 한다. 또한 착향료나 색소가 첨가되어 있는 경우도 있어 문제가 많다.

는 등 소비자를 오인시킬 우려가 있다고 밝혔다. 이들 우유는 일반 우유보다 당 함량이 높았으며, 상당수의 제품은 탄산음료와 비슷한 정도의 당이 함유되어 있다고 한다. 또한 착향료나 색소가 첨가되어 있는 경우도 있어 문제가 많다.

또한 소비자보호원은 곡물이나 과즙을 함유한 우유에 '검은콩의 효능', '특허 받은 발아현미', '상황버섯균사체', '진짜 딸기과즙을 듬뿍 넣어', '상큼한 딸기과즙이 듬뿍 들어 있어', '생과즙', '싱싱한' 등의 문구를 제품명으로 사용하거나 표시하여 건강에 좋은 것처럼 암시하는 것도 문제점이라고 지적하였다. 소비자보호원의 지적대로 이러한 표현은 생산과정 상의 특징을 말하는 것일 뿐 이 제품들이 다른 제품에 비해 건강에 어떤 도움을 줄 수 있다는 뜻은 아니다.

우유는 알레르기를 유발한다?

배우 황정민은 식탁 위에 난 불이 났는데도 끌 생각은 하지 않고 우유 맛에 감탄하고 있다. 그가 이러한 행동을 하는 이유는 우유가 너무 맛있기 때문이다. 오래 사는 것이 아니라 건강하게 오래 살기 위해서는 소에게 천연 셀레늄 사료를 먹여서 얻은 우유를 마셔야 한다. DHA가 들어 있는 우유는 맛도 있고, 장수에 도움이 되고, 아이의 두뇌 발달에도 도움이 된다는데, 그렇다면 단점은 없는 것일까?

히포크라테스(Hippocrates B. C 460~370)가 우유는 소화계 이상과 두드러기를 일으킬 수 있다고 언급한 이래 우유 알레르기 증상은 외국의 경우 드물지 않게 찾아볼 수 있다. 아마도 외국에서는 오랜 세월 우유를 마셨기 때문에 그러한 증세에 대해 관찰할 기회도 더 많았을 것이다.

우유는 주요 식품 알레르겐(allergen: 알레르기를 일으키는 항원)의 하나로 호흡기 증세로는 비염에서부터 아나필락시스(항원항체반응으로 일어나는 생체의 과민반응)에 의해 폐부종이나 후두 폐쇄 등의 증상이 나타난다. 그 밖에도 설사, 구토, 복통, 아토피성 피부염, 비염, 천식, 두드러기 등 다양한 증세가 나타나며, 일부 환자들은 여러 가지 증세가 복합적으로 나타나기도 한다. 우유 알레르기 반응은 1세 이전의 영아, 특히 생후 2~3개월 이전의 신생아에게서 발생하는 경우가 많다. 우유로 인한 영아의 알레르기 비율은 연구자에 따라 0.3~7.5%로 매우 다양하게 나타난다. 이는 우유 알레르기의 증세가 다양하여 우유 알레르기인지 모르고 지나는 경우가 많기 때문이다. 또한 우유를 마시고 난

뒤 바로 알레르기 증세를 보이지 않는 경우도 있기 때문에 연구자에 따라 유병률에서 차이가 난다.

우유 알레르기를 막을 수 있는 가장 효과적인 방법은 바로 모유 수유다. 대부분 모유를 먹일 수 없는 경우 조제분유를 먹인다고 생각하겠지만 사실은 그렇지 않다. 모유를 먹일 수 있음에도 분유를 먹이는 데에는 분유회사가 엄청난 광고를 통해 조제분유가 모유를 완벽하게 대체 할 수 있다는 믿음을 심어 준 경우도 많았기 때문이다.

모유를 먹일 수 없는 경우 대용식을 찾아야 한다. 간혹 우유의 알레르기 때문에 대용식으로 두유를 권한다. 하지만 우유 알레르기 환자의 약 1/3이 콩 단백에 대한 알레르기를 함께 갖고 있기 때문에 신중하게 결정해야 한다. 더군다나 콩에 들어 있는 일부 불용성 섬유소를 제거하더라도 콩의 성분인 피틴산이 소화와 흡수에 장애를 일으키거나 칼슘과 같은 미네랄의 흡수를 방해할 수 있다. 또한 두유에는 여성 호르몬인 에스트로겐과 비슷한 기능을 하는 이소플라본(isoflavon)이 들어 있다. 이소플라본은 우울증이나 골다공증, 얼굴 홍조 등 여성 호르몬이 부족하여 나타날 수 있는 갱년기 증세를 완화시켜 주는 기능을 하는데, 두유를 마시면 이 기능이 발휘될 수 있어서 아이들에게 권장되지 않는다. 따라서 두유보다는 저알레르기성 우유가 권할만하지만 모유만큼 완전하지는 않다.

모유를 먹이면 알레르기 발병률이 낮아지는 것으로 미루어 보아 아기에게 우유를 먹이는 습관도 알레르기를 빈번하게 만든 요인으로 볼 수 있다. 모체에서 유래한 항체가 없는 아기들은 자기 힘으로 항원

과 맞서 싸우는 과정에서 더 많은 면역 실수를 저지를 것이다. 대부분
의 우유 알레르기가 영아들에게만 주로 발생하기는 하지만 식품 원료
로 우유를 사용할 경우, 일부에게 알레르기를 일으킬 수 있으므로 별
도 표기를 할 필요가 있다.

대한민국 통뼈가 되려면 우유를 마셔라?

많은 무용수들이 나와서 신체의 뼈
를 묘사한 듯한 퍼포먼스를 한다. 바로
우리 몸의 206개의 뼈를 생각한 뼈 건강
연구소의 노력을 타나낸다. 이 뼈 건강
연구소에서는 뼈의 생장 주기를 연구했
다고 한다.

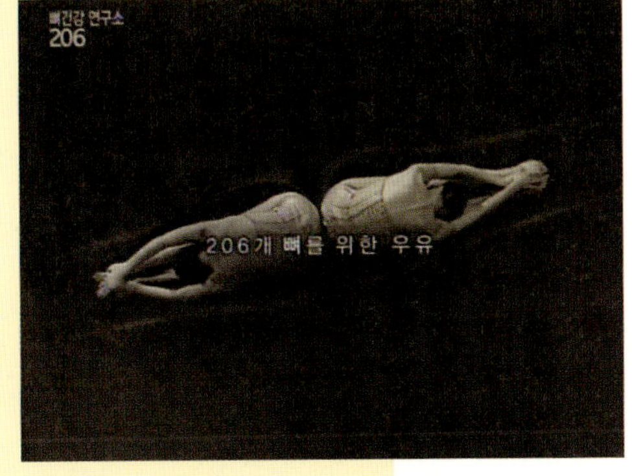

한 아주머니가 자신이 대한민국 통뼈라
고 하자 최홍만이 나타나서 "이 정도는 돼야죠."하며 말허리를 자
른다. 그리고 뼈를 생각해 MBP 우유를 마시는 센스가 필요하다고
한다. 이 우유에 들어 있는 특허 성분이 얼마나 좋은지 뼈는 안다
고 하는데, 그렇다면 과연 뼈가 무엇을 알고 있다는 것일까?

우유에 있어 가장 논란이 많이 되는 부분은 바로 '우유의 칼슘이
인체에 어떤 영향을 주는가' 하는 것이다. 우유에 들어 있는 칼슘에 관

한 한 양측의 주장은 확연하게 갈라진다.

우유를 찬성하는 이들의 주장

- 미국인의 경우 흡수율이 좋은 유제품에서 50%가 넘는 칼슘을 섭취하지만 한국인은 유제품에서 18.2%, 흡수율이 낮은 식물성 식품에서 48.5%를 섭취하므로 실제 흡수량은 섭취량보다 낮을 것이다.
- 서울대학교 동물실험 사육장 연구팀은 조사 결과 칼슘이 풍부하다고 알려진 시금치도 체내 흡수율이 5%에 불과해서 약 50%에 이르는 우유 및 유제품의 칼슘 흡수율과는 큰 차이가 있다고 밝혔다. 식물성 식품에 함유된 칼슘은 대부분 체내 흡수율이 1% 이하로 매우 낮은 반면 상대적으로 우유의 칼슘은 흡수율뿐만 아니라 이용률도 높다. 우유에는 비타민 D와 K 그리고 단백질, 유당이 함유되어 있어 칼슘의 흡수에 큰 도움이 된다.
- 세계적 낙농국가인 네덜란드는 여자 평균 174㎝, 남자 평균 183㎝로 세계 최장신 기록을 보유하고 있다. 2004년 일본 니혼대학교에서 미국임상영양학회지에 발표한 연구 결과에 따르면 10세 전후 어린이들에게 하루 두 잔 이상 우유를 먹인 경우 그렇지 않은 경우보다 3년 동안 2.5㎝나 더 자랐다고 한다.
- 최근 서울대학교 식품영양학과에서는 우유를 먹는 아이 그룹과 잘 먹지 않는 아이 그룹의 골밀도를 검사했는데, 우유를 잘 먹는 아이들의 골밀도가 높다는 결과가 나왔다.

- 12년 동안 7만 8천여 명이 참가한 '간호사들의 건강 연구'에 따르면 많은 우유 섭취가 골다공증이나 골절 현상을 줄여 준다는 증거는 찾지 못했다. 또한 이 연구에 따르면 하루에 우유 두 잔 혹은 그 이상을 마시는 여성은 일주일에 한 잔 혹은 그 이하를 마시는 여성보다 골반뼈 골절률이 1.45배나 높다고 한다. 즉, 우유를 더 마신 여성이 그렇지 않은 여성보다 자기 뼈에서 더 많은 칼슘을 잃는다는 것이다. 우유를 많이 마실 경우 오히려 골다공증이 증가하는 것은 동물성 단백질을 많이 섭취하면 할수록, 그만큼 더 칼슘이 빠져나가기 때문이다. 다시 말해 동물성 단백질을 소화시키는 과정에서 체액이 산성화되는 데 이것을 다시 약알칼리성으로 돌려놓기 위해 몸 안의 칼슘이 사용된다는 것이다.
- 유제품을 가장 많이 소비하는 나라는 핀란드, 스웨덴, 미국, 영국 순이며, 골다공증이 가장 많이 발생하는 나라는 핀란드, 스웨덴, 미국, 영국 순이다. 물론 그렇다고 우유가 골다공증의 원인이라는 뜻은 아니다.
- 칼슘 섭취량이 서양인의 기준으로 보면 턱없이 부족한 동양인이 오히려 칼슘 섭취량이 많은 서양인들보다 골다공증이 더 적게 발생하기 때문이다.

　우유를 예찬하는 쪽에서는 우유 속 칼슘 흡수율이 50%가 넘는다(심지어 80%라는 주장도 있다)고 주장하지만 반대하는 쪽에서는 32% 밖에 되지 않는다고 한다. 흡수율뿐만 아니라 골밀도 증가나 골다공증에 대한 연구도 어떤 목적을 가지고 연구했는지에 따라 결과가 항상 다르게 나타난다. 체내의 칼슘 흡수량을 측정한다는 것이 쉽지 않기 때문이다. 분명 우리 몸은 칼슘을 필요로 한다. 문제는 여러 단체에서 발표하는 것과 달리 정확하게 얼마만큼의 칼슘이 필요한지는 아무도 모른다는 것이다. 정확하게 필요한 칼슘의 양을 정하는 것은 어렵지만 분명한 것은 과다한 칼슘의 섭취는 전립선암과 난소암의 발병률을 높인다. 어떤 것도 너무 많이 먹어서 좋은 것은 없다.

이제 슈퍼로 달려가서 우유통을 살펴보자. 칼슘이 포함되어 있기 때문에 뼈에 좋다는 우유가 눈에 띨 것이다. 하지만 포장 용기에 "골다공증이 예방된다"거나 "뼈를 튼튼하게 만들어 준다"라는 표시를 한 우유는 발견하지 못할 것이다. 왜냐하면 그러한 표기는 과학자들 간에 합의가 필요한 사항인데, 이를 뒷받침할 일관된 자료가 없어 표기를 할 수 없는 것이다. 이 때문에 우유 포장지에는 "뼈 건강을 생각한다"거나 "뼈가 좋아한다"라는 식의 표현을 사용한다. 이는 우유뿐 아니라 칼슘을 첨가했다는 모든 음식에 공통으로 해당하는 사항이다.

우유는 콜레스테롤이 많다?

요즘은 우유를 사러 가면 저지방 우유가 많다. 하지만 저지방 우유 광고를 본 사람은 없을 것이다. 저지방 우유를 팔기 위해 우유 속에 들어 있는 지방에 대한 언급을 한다는 것은 자칫 우유에 대해 안 좋은 이미지를 심어 주어 오히려 판매 하락으로 이어질 가능성이 있기 때문일 것이다.

보통 우유 1*l*에는 34g의 지방이 들어 있다. 우유지방은 60~70%의 포화지방, 25~35%의 불포화지방 및 약 4%의 다가불포화지방으로 구성되어 있다. 이는 하루에 우유를 세 잔 마시는 것은 베이컨 열두 조각이나 빅 맥(햄버거)과 프랜치프라이를 먹는 것에 상당하는 포화지방을 섭취하는 것이랑 같다는 뜻이다. 따라서 우유를 마시면 전체 콜레스테롤 수치와 LDL 수치가 높아지게 된다.

하지만 우유에는 0.01%의 콜레스테롤 밖에 들어 있지 않기 때문에 체내에서 콜레스테롤 수치를 높이는 효과가 미미하며, 유지방에 함유된 공액리놀레산(CLA: Conjugated Linoleic Acid)이 콜레스테롤 축적을 억제하기 때문에 심혈관 질환을 줄여 준다는 주장도 있다. 또한 뉴질랜드 더니든 병원의 알리사 골딩 박사는 우유를 먹는 어린이와 그렇지 않은 어린이 집단을 연구했는데, 우유를 먹지 않는 어린이 50명을 정밀 검사한 결과 또래 아이들보다 오히려 비만이 많은 것으로 밝혀졌다.

우유에는 원래 지방이 3.3~3.5% 포함되어 있으며, 2% 이하로 낮춘 우유를 저지방 우유라고 한다. 그동안 저지방 우유는 흰 우유에 비해 고소한 맛이 떨어지고 값이 비싸다는 이유로 외면당해 왔으나 '건강 유지'의 중요성이 사회 전반으로 확산되어 빠르게 판매량을 늘고 있다. 또한 업체들의 꾸준한 기술 개발로 저지방 우유의 맛이 많이 향상

•• LDL(low density lipoproteir): 저밀도 지방 단백질. 간 따위에서 합성된 콜레스테롤을 체조직에 운반하는 역할을 한다.

•• 유럽 전역에 걸친 국가를 대상으로 한 설문 조사에서 지방 섭취를 가장 적게 한 여성들이 가장 비만이 되기 쉬웠으며, 반면에 지방 섭취를 가장 많이 한 여성들은 비만이 될 확률이 가장 낮았다는 사실은 우리가 지방에 대해 잘못된 정보를 가지고 있었음 시사한다.

되었다는 것도 판매율 상승의 이유가 될 것이다. 업체들은 꾸준한 기술 개발을 이유로 더 싸게 팔아도 되는 저지방 우유를 비싸게 판다. 저지방 우유를 만들 때 빼낸 지방은 아이스크림이나 버터를 만들 때 사용하기 때문에 미국의 경우에는 저지방 우유의 가격이 더 저렴하다.

지방이 무조건 나쁜 것은 아니다. 지방이 나쁘다고 알려진 것은 지방을 섭취하게 되면 체내 콜레스테롤 수치가 증가하기 때문이다. 콜레스테롤은 심장질환을 일으키는 주범으로 널리 알려져 있다. 하지만 지방은 우리 몸을 구성하는 데 꼭 필요한 영양소이다. 특히 필수지방은 인체에서 합성이 되지 않기 때문에 음식물을 통해서 꼭 섭취해야 한다.

지방은 포화지방과 불포화지방으로 구분할 수 있는데, 이중 포화지방이 콜레스테롤 수치를 높이는 역할을 한다. 따라서 포화지방은 섭취를 줄이고 불포화지방은 섭취를 늘리는 것이 좋다. 우유나 버터와 같은 유제품이 문제가 되는 것은 바로 포화지방이 많기 때문이다. 포화지방을 많이 섭취하게 되면 흔히 나쁜 콜레스테롤이라 불리는 LDL(저밀도 지단백질)이 증가한다. 하지만, 불포화지방을 섭취하게 되면 LDL은 감소하고 좋은 콜레스테롤이라 불리는 HDL(고밀도 지단백질)이 증가한다.

지방이 걱정되지만 굳이 우유를 마시고 싶다면 저지방 우유가 아니라 무지방 우유를 택해야 한다. 왜냐하면 저지방 우유는 여전히 적지 않은 지방이 포함되어 있기 때문이다. 저지방 우유를 만들기 위해 빼낸 지방은 아이스크림이나 버터를 만들 때 사용하기 때문에 우유업체로서는 저지방 우유가 일석이조의 역할을 하는 셈이다.

탁재훈에게 내린 우유의 형벌

탁재훈이 왜 그렇게 우유를 마시고 싶어 하는지 알 수 없으나 우유를 마시기 위해 성당에 가서 기도를 드린다. 탁재훈은 "할아버지도 우유를 마시고, 제 딸도 우유를 마시는데 왜 제게 이런 우유의 형벌을……."이라고 기도를 올린다. 이에 뒤에 있는 신부님은 미소를 지

으며 체질 대신 우유를 바꾸면 간단하게 해결될 것이라고 한다.

그렇다면 탁재훈은 왜 우유를 마실 수 없는 형벌(?)을 받은 것일까?

공복에 우유를 마시면 속이 거북하고 배에서 꼬르륵거리는 소리가 나며, 설사를 하게 되는 사람들이 있다. 이는 우유 속에 있는 유당(락토오스)를 소화시킬 수 있는 소화 효소인 락타아제(lactase)가 없기 때문이다. 우유에는 유당 성분이 약 4.8~5.2%가 들어 있다. 대부분의 사람들은 유아기에는 락타아제를 가지고 있다. 이는 모유를 먹을 때는 락타아제가 필요하기 때문이다. 하지만 젖을 뗀 후부터 급격하게 락타아제의 분비가 줄어 결국 성인이 되면 80~90% 이상의 사람들이 유당 소화에 어려움을 겪게 되는 것이다. 유당을 소화시킬 수 없는 사람이 우유를 마시게 되면 위에서 소화되지 않은 유당은 대장에서 박테리아에 의해 급격하게 분해된다(폭발적이다). 이때 산과 함께 가스가 대량으로 발생하기 때문에 속이 거북하고 탈이 나게 되는 것이다. 과거에는 유당을 소화시킬 수 없는 사람을 유당불내증이라고 하여 비정상적으로 취급했으나 최근에는 유당을 소화시킬 수 있는 사람을 특이하게 생각하기도 한다.

유당불내증인 경우 식후 우유를 조금 마시고 양을 점차 늘려 가면 우유를 조금은 마실 수 있다. 또는 유당을 소화시킬 수 있는 요구르트를 타서 마시면 탈이 없이 마실 수 있게 되기도 한다. 무유당 우유(락토 우유)라는 것이 있는데, 이 우유는 아예 유당을 제거하거나 유당을 소화시킬 수 있는 유당 소화 효소를 첨가해서 만든다. 하지만 유당을 분해시킨 우유는 너무 달기 때문에 단 것을 싫어하는 소비자들의 외면을 받았다. 따라서 이 경우 달지 않게 만드는 것이 관건이다.

그렇다면 우유를……?

체육 교사는 자신의 경험을 바탕으로 아이를 체육특기생으로 키우라고 한다. 과학 교사는 아이를 과학특기생으로 키우라고 한다. 아이는 두 가지 방면에 모두 소질을 보이는 듯한데, 이렇게 되기 위해서는 날마다 우유를 마셔야 한다. 대한민국 수험생 엄마는 아이를 대학에 합격시키기 위해서는 마더스 밀크를 냉장고에 준비해 두어야 한다. 똑똑하고 튼튼하게 아이가 자라기 위해서는 꼭 우유가 필요하다고 하는데, 어떻게 해야 할까?

MBC 「일요일 일요일 밤에-동안클럽」은 '의학과 교양의 만남'이라는 기치를 내걸며 다양한 의학 정보를 시청자들에게 전달하고 있다. 「동안클럽」 '골다공증' 편(2007. 1. 28)에서 "우유는 칼슘함량이 가장 많은 음식으로 골다공증에 좋다는 것이 학계의 공통된 의견이다. 칼슘 권장량은 하루 1,000mg, 그러나 조사에 의하면 현재 국민평균 섭취량은 500~600mg으로 현재의 두 배 수준으로 칼슘량을 보충해야 한다."며 우유가 골다공증에 좋지 않다는 상식(?)은 잘못된 것이라고 말했다. 우유가 골다공증에 좋지 않다는 것을 어떻게 상식이라고 할 수 있는지(내 주변의 많은 사람들은 우유가 완전식품으로 많이 먹어야 좋다고 알고 있었다.), 무엇을 근거로 학계의 공통된 의견이라고 주장하는지 참 놀랍다.

우유에 관한 원고를 작성하기 위해 국내 논문을 검색하면서 재미있는 사실을 발견했다. 대부분의 영양학회에서는 우유가 영양학적으로 우수한 식품임을 증명하는 논문들이 많고, 소아과학회에는 알레르기와 관련된 논문이 많다. 간혹 낙농협회나 우유업체의 지원을 받은 논문들은 당연히 우유의 우수성을 인정하는 방향으로 결론을 맺었다. 영양학자들이 우유는 완전식품에 가까운 음식이라고 이야기한다고 꼭 틀렸다고 말할 수는 없다. 다만 누구에게나 완전식품이라고 할 수 있는지 따져볼 필요가 있다는 것이다.

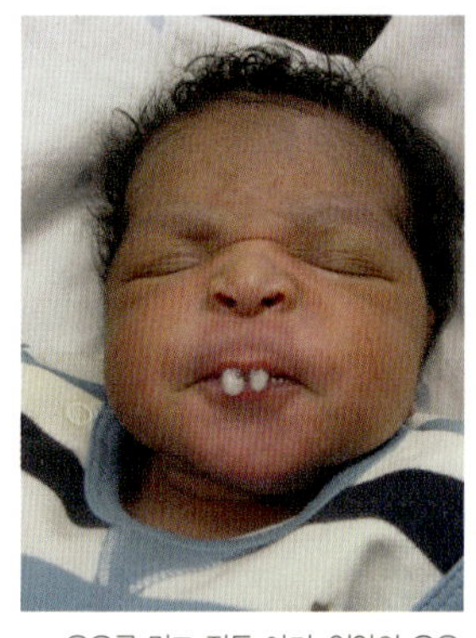

대부분의 엄마는 유아기 자녀에게 우유를 먹인다. 하지만 아기가 젖병을 물고 잠들어 우유가 입안에 남게 되면 우유가 치아를 먹어 치우기 시작한다. 유아는 애초부터 우유를 마시지 않도록 되어 있기 때문에 이들이 우유에 가장 취약한 듯 보인다고 해서 놀랄 일은 아니다. 어떤 동물도 젖을 뗀 이후에는 젖을 먹지 않기 때문에 1~2세 이후에 우유를 마시는 것이 질병을 유발하기도 한다는 사실에 놀랄 것도 없다.

우유 반대론자들은 우유의 대안으로 두유를 제시한다. 그러나 두유도 우유와 마찬가지로 모두에게 좋은 완전식품이라 할 수 없기에 '우유 대 두유' 논쟁으로까지 번지게 되었다. '우유 단백질은 필수아미노산을 골고루 또 충분히 가지고 있는 반면 대두단백은 필수아미노산이 균형 있게 들어 있진 않다. 그런데 지방을 따지면 두유가 낫다. 우유 지방은 주로 포화지방산이지만 대두유는 반 이상이 몸에 유익한 불포화지방산이다. 우유엔 뇌성장과 시력발달에 필요한 콜레스테롤이 들어 있고 두유엔 신경 세포막 성분인 레시틴이 들어 있다.' 는 식이다.

이 때문에 국내 우유업체는 우유와 두유를 모두 생산하는 양다리 걸치기를 하는 경우가 대부분이다.

우리나라는 모유 수유율이 1970년에는 99.7%였던 것이 계속 감소하여 1997년에는 14.1%로 떨어졌다. 이러한 일이 벌어진 이유는 무엇일까? 겉으로는 모유가 최고인 듯 이야기 하지만 많은 업체들이 분유도 모유에 필적할 만큼 좋다고 믿게 만들기 때문이다. 1974년 4월 미국 연방거래위원회는 "우유는 모든 사람에게 필요하다."라는 표어가 사람을 호도하는 거짓된 사기 광고라고 판시했다.

그렇다면 결론은 무엇일까? 우유를 절대 먹어서는 안 될 식품이라고 부르기는 어려울 것 같다. 하지만 누구에게나 완전식품이라는 도그마는 분명 깨져야 한다.

TV 밖의 CF 외전
우유는 유죄? 무죄?
1
쭈욱
쭈욱
쭈욱
2
자! 여기 우유!
이거 진짜
몸에 좋게 만들어
줄다고 그랬지?
3
응! 걱정하지마!!
최고우유로 만들어
줄테니까!
잘 봐.

4
일단 칼슘을 넣어야 뼈가 튼튼해지고
철분이랑 아연도 넣고
DHA에
비타민에
콩도 넣고
5
지방을 빼고
유당도 제거해야지?
6
야! 그렇게 막 넣고, 빼면….
그게 무슨 우유냐?

힘들게 헬스클럽에서 역기를 들어 올리는 날, 자동차 면허 시험에 합격한 날, 운동회에서 가까스로 우승하게 된 오늘처럼 신나는 날. 바로 우리 돼지를 먹는 날이다. 기운 내려고 먹고, 축하하려고 먹고, 신나니까 먹고, 의미 있는 날을 기념하는데 우리 돼지고기만 한 것이 있을까.

>> 우 리 돼 지 먹 는 날 <<

우리 부부 드디어 엄마 아빠 되는 날, 우리 아들 첫 휴가 나온 날, 우리 부서 영업실적에서 일등한 날…… 인생에서 행복한 순간, 인생의 좋은 날에는 우리 한우가 잘 어울린다. 사랑하는 가족과 함께, 직장 동료들과 함께 행복을 나누는 날에는 국가가 선정한 100대 민족 문화의 상징, 한우란다.

우리 돼지 먹는 날

　　한때 광우병 파동으로 소고기 시장에 찬바람이 불자 식당에서는 재빨리 자신의 식당에서는 우리 한우만 사용한다는 표시를 내걸었다. 또한 패스트푸드점에서도 순 한우를 사용한 햄버거를 만들어 냈다. 최근에는 한우를 브랜드화시켜 다양한 사료와 함께 맛도 좋은 양질의 소고기를 생산한다는 축산 농가가 늘었다.

　　시장이 개방되어 외국 농축산물이 밀려들어오자 우리는 '신토불이'로 맞섰고, 우리 농축산물이 외국산에 비해 양질의 것이라는 국민들의 호응을 얻는데 성공했다. 하지만 신토불이만을 내세워 우리 축산물을 지키기는 어렵다. 삶의 질이 향상되면서 더욱더 고급화된 육류를 원하는 소비자들이 늘어나기 때문이다. 과거에는 국내산인지 아닌지가 문제였다면 앞으로는 어떠한 환경에서 관리하고 키웠는지가 중요한 문제가 될 것이다. 이미 유기농이나 한약재로 키운 축산물이 더 높은 가격을 받는다.

치킨 가게나 돼지고기 상표, 소고기 상표에 등장하는 동물들은 한결같이 웃는 표정이다. 마치 즐겁게 자신을 잡아 먹어달라고 호소하는 듯하다. 이렇게 동물들이 웃는 모습을 하는 것은 동물을 죽이는 데에 대한 사람들의 혐오감을 없애기 위해서다. 사실 동물들의 사체를 배달 차량에 그려 놓는다면 더욱 많은 사람들이 육식에 반대할지도 모를 노릇이다. 여하튼 현재의 축산 환경이 매우 열악하다는 것은 분명한 사실이다. 이러한 열악한 축산환경을 개선하는 것은 단지 동물들을 위하는 것뿐 아니라 결국 우리를 위한 일이기 때문에 이는 매우 시급히 개선해야 할 사항이다. 또한 축산업이 엄청난 환경오염을 불러일으킨다는 것도 생각해 볼 문제이다.

그러나 이 모든 문제를 접어두고 가장 근본적인 질문을 던져 보아야 한다. 과연 육식은 해로운가? 만약 육식이 정말 해롭다면 우리는 육식을 그만두고 채식으로 전환해야 할 것이다. 하지만 건강하게 살기 위해 육식이 꼭 필요하다면 그만두기 어렵다. 만약 오늘날의 인류로 진화하는데 육식이 결정적인 역할을 했다면, 우리의 몸은 분명 고기를 필요로 할 것이다.

건강을 위해 육식과 이별을……

이제 7살밖에 안 된 우리 꼬마 녀석에게 "오늘 뭐 먹고 싶어요?" 하고 물어 보면 "아빠 돼지고기 삼겹살 먹고 싶어요."라고 대답한다. 사실 우리 가족 전체가 고기를 즐기는 편이어서, 이렇듯 삼겹살 파티를 자주 한다.

생일이나 되어야 소고기국을 먹었다는 부모세대의 이야기와 비교해 보면 지금은 많이 풍족해졌다. 대부분의 사람들이 회식이나 가족들 모임에서 고기를 먹으러 가는데 경제적 어려움을 느끼지 않기 때문이다. 오히려 지금은 고기 많이 먹는 집이 가난한 집 취급을 받기도 한다. 끼니마다 유기농 채소에 과일을 챙겨 먹는 것이 오히려 비용이 더 많이 들고 힘들기 때문이다. 몇 년 전, 갑자기 불어 닥친 채식 열풍이 지금은 조금 시들해졌지만 여전히 채식을 해야 건강하게 살 수 있다고 생각하는 사람들이 많다. 그러나 모든 사람이 꼭 채식을 해야 하는지에 대한 논란은 여전하다.

WHO는 "동물성 단백질로 에너지의 비중을 높이는 것이 건강에 좋다는 증거는 없으며, 오히려 동물성 단백질을 많이 먹으면 몸에 해롭다"라고 한다. 고기를 많이 먹게 되면 일반적으로 몸에 해롭다고 알려져 있지만, 재미있게도 세계적인 장수촌 중 주식이 고기와 우유인 곳도 많다. 많은 영양학자들도 순수한 채식은 좋지 않으며 적당한 육식이 몸에 좋다고 주장한다. 그렇다고 무턱대고 고기를 많이 먹게 되면 곤란하다. 고기에 지방과 콜레스테롤이 풍부하기 때문이다. 따라서 붉은색 육류의 섭취를 줄이면 심장병 위험이 줄어든다는 것도 사실이다. 여러 통계적인 수치들은 육식에서 채식으로 전환했을 때 이점이 많다는 것을 분명하게 보여 준다.

하지만 서구 사회의 이러한 통계치가 절대적인 것은 아니다. 서구 사회의 경우 하루에 섭취하는 육류와 유제품의 양이 우리나라보다 각각 2.7배, 3.3배 많다. 따라서 서양인은 지방 권장비율의 갑절을 섭취하지만 우리나라 사람들의 일부는 권장 섭취량만큼 먹지 못하기 때문에 오히려 고기를 권장해야 한다고 말하기도 한다. 또한 육식을 주장하는 측에서는 각종 성인병의 원인이 육식 때문이라고 단정 짓기는 어렵다고 말한다. 즉 비만과 같은 성인병은 잘못된 식습관뿐만 아니라 유전적 요인이나 운동과 같은 다른 요인에 의해서도 좌우되기 때문에 잘라서 무엇 때문이라고 말하기 어렵다는 것이다.

채식을 할 경우에는 식사계획에 여간 세심한 주의를 기울이지 않으면 자칫 필수 아미노산이 부족할 수 있다. 또한 채식은 이는 성장기 아동이나 임신 수유부, 저체중 노인에게 영양 결핍증을 유발할 수 있다. 특히 육식을 하게 되면 전혀 문제가 없는 비타민 B_{12} 섭취 부족으로 빈혈에 걸릴 수도 있기 때문에 채식은 많은 주의가 필요하다.

인간은 수백만 년 동안 진화하면서 닥치는 대로 먹었다. "우리가 먹는 것이 우리를 말해 준다."라는 말이 있다. 이는 먹는 것이 우리의 생활과 진화에 직접적으로 관련이 있음을 나타낸다. 인간이 고기를 먹으면서 다른 어떤 유인원보다 작은 창자가 길어졌고, 뇌도 발달했을 가능성이 많다. 건강을 지키고 싶다면 오랜 세월 우리의 조상들이 먹어왔던 방식을 따르는 것이 좋다. 오늘날과 같이 갑자기 식단이 바뀐 것은 1만 년도 채 되지 않았으며, 풍부한 육류를 섭취하기 시작한 것은 100년도 되지 않았다.

원시시대 우리의 조상들은 사냥과 채집을 통해 고기와 과일, 견과류 등을 주식으로 했을 것이다. 이러한 생활 방식에서 풍부한 곡물을 제공받는 농경사회로 바뀌면서 기대수명은 오히려 줄어들었다. 농업의 발달로 식량은 안정적으로 공급받을 수 있었으나, 양질의 것을 공급받을 수는 없었다. 그래서 단백질과 각종 무기질의 부족으로 질병에 시달리게 되었다. 오늘날 우리의 식습관은 이러한 전철을 밟고 있다. 보통 고기와 곡류만 지나치게 먹고 과일과 야채, 견과류 등은 별로 먹지 않는다. 따라서 문제가 생기는 것이다. 건강의 모든 원인을 육식 탓으로 돌리는 것은 무리다. 미디어에서 현대인의 건강에 좋다고 추천하는 음식을 보라. 한결같이 원시시대 조상들이 많이 먹었을 법한 음식들이 아닌가?

진실을 알고도 먹을 수 있을까?

난 고기를 좋아하지만 보신탕은 먹지 않는다. 이는 순전히 내 정치적(?) 신념―내가 개를 무척 좋아하기 때문―이다. 그리고 어린 시절 동네에서 개 잡는 광경을 봤기 때문이기도 하다. 내 평생 그렇게 잔인한 장면은 다시 보고 싶지 않을 만큼 충격적이었다. 내 머리 속에는 아직도 그 장면이 생생하지만 차마 여러분에게 설명하고 싶지는 않다. 그래서 그 이후론 절대 보신탕을 먹지 않는다(물론 그 이전에도 먹지는 않았지만).

개뿐 아니라 돼지나 소도 기른 정이 든다면 다른 고기도 안 먹을지 모르겠다. 우리가 지저분하게 생각하는 돼지도 개만큼 영리하며 사람과 친하게 지낼 수 있다. 자신의 건강을 위해 육식을 하지 않는 사람도 있지만 동물을 사랑해서 채식을 할 수도 있다. 동물 애호가들은 동물이 우리의 친구이기 때문에 잡아먹어서는 안 된다고 주장한다.

극단적인 동물 애호가가 아니더라도 최소한 동물들이 생각이나 느낌이 없는 기계와 다르다는 것은 분명한 사실이다. 과거 생물시간에 개구리 해부를 했던 이유는 개구리는 해부해서 살펴봐도 무방한 일종의 좀 더 복잡한 기계라고 생각했기 때문이다. 만약 개구리가 개와 같이 키워준 주인을 따르고 애교를 부렸다면 개구리 해부가 교과 과정에 포함되지 않았을 것이다. 여하튼 과거 가장 인상 깊었던 실험이 개구리 해부였으며, 의대에 진학하게 된 계기가 되었다는 사람도 있다. 하지만 일부 학생들은 가장 싫었던 기억으로 개구리 해부를 꼽아 좋은 대조를 이룬다.

모든 사람들에게 어떤 종교를 강요할 수 없듯이 동물을 사랑하건 그렇지 않건 그것은 그 사람의 선택에 달린 문제이다. 하지만 사랑하지 않는다고 학대해서는 안 된다. 동물 학대는 당연히 비난이나 처벌 대상이 되어야 한다. 이 때문에 많은 사람들은 「TV 동물 농장」을 보며 절룩거리며 다니는 동물을 구하기 위해 애쓰는 것에 공감하는 것이다.

그렇다면 가축의 경우에는 어떠한가? 가축은 보호 받아야 할 대상에서 제외되는 경우가 많은데, 이는 가축은 인간에게 잡아먹히기 위해 태어난 동물이라는 인식이 강하기 때문일지도 모른다. 하지만 가축도 이러한 범주에 넣어야 한다는 것이 동물 보호론자들의 주장이다. 젖소에게서 우유를 짜는 것도 젖소를 학대하는 행위이기 때문에 금지해야 한다는 주장까지는 받아들이지 않더라도 가축을 학대하는 것은 금지해야 할 것이다.

가축을 학대하지 않고 건강하게 키워야 하는 것은 살아있는 생명에 대한 최소한의 배려이기도 하지만 안전한 먹을거리를 위한 우리 자신을 위한 일이기도 하다. 자신의 배설물 속에 뒹굴며 쇠사슬에 묶여서 오로지 고기 생산을 위한 기계처럼 자란 가축이 약에 찌들지 않고 어떻게 건강하게 자랄 수 있겠는가?

육식이 환경오염을 일으킨다

동물 보호론자들의 주장에 동조하지 않는다 하더라도 가축을 좀 더 좋은 환경에서 키워야 하는 이유는 또 있다. 가축들을 공장식 축사에서 마치 기계를 다루듯 함으로서 여러 가지 환경적인 문제가 발생하기 때문이다. 공장식의 거대한 축사는 영화 속에 등장하는 목가적인 풍경과 전혀 거리가 멀다. 엄청나게 많은 동물을 한꺼번에 키우다 보니 당연히 엄청난 양의 축산폐수가 발생하게 된다. 이들 축산폐수가

때론 공장이나 생활하수보다 훨씬 심각한 환경오염 문제를 발생시키기도 한다.

대규모 축산업에 의해 발생하는 환경오염은 흔히 생각하는 것보다 심각하다. 축사에서 나온 분뇨는 강과 호수에서 부영양화를 일으켜 물을 심각하게 오염시키기도 한다. 최근 하천의 오염은 중금속이나 화학물질에 의한 것보다 부영양화에 따른 녹조현상이나 적조현상이 훨씬 많다. 2007년 2월에는 국내 최대 원시생태습지인 경남 창녕군 우포늪의 한 상류하천에서 축산폐수에 의해 잉어와 붕어 수백 마리가 떼죽음을 당하는 일이 발생했다. 제주시는 2006년 환경신문고에 신고된 726건 중 5건을 사법기관에 고발했는데 그중 4건이 축산폐수와 관련된 것이었다. 강에서 동물 항생제 성분이 발견되는 등 축산폐수에 의한 환경오염은 날이 갈수록 심각해지고 있다.

여러 조사에서도 축산폐수에 의한 환경오염 사실은 잘 나타난다. 한 농가당 사육하는 가축의 수가 증가하면서, 최근 5년간 가축분뇨의 발생량은 3.1% 증가하였다. 그러나 분료 처리율은 오히려 3% 감소한 54.4%에 달했다. 분뇨의 약 46%는 처리하지 않아 지하수를 포함한 각종 수질오염의 원인이 되고 있다. 또한 폐기물의 해양배출량 중에서 가축분뇨는 34%(2000년)로 가장 큰 비중을 차지하고 있다. 2012년 축산분뇨와 하수오니의 해양배출이 금지된 것을 비롯해 2016년에는 육상 폐기물 해양배출이 전면 금지되었다.

2006년 제주도 국정 감사에서는 이러한 축산분뇨 때문에 관광 단지, 제주가 심각하게 오염되었다는 사실이 드러나기도 했다. 이는 제주도만의 문제가 아니라 축사나 돈사, 양계장이 있는 곳이면 어느 곳에서나 겪는 일이다. 이러한 문제를 해결하려면 기업형 축산업이 아니라 방목해서 소규모로 키우는 방법밖에 없다. 이 경우에는 발생하는 소량의 분뇨는 자연이 해결하기 충분하기 때문이다.

미국에서는 소를 공장식 축산 환경에서 기르는데 분뇨 구덩이에서 뒹구는 소를 보면 구역질이 날 정도란다. 미국만 욕할 것이 아니라 우리의 축산 환경은 얼마나 나은지 돌아보아야 하지 않을까?

한우는 아직까지 미치지 않았다

축산분뇨와 그곳에서 발생하는 악취만이 문제는 아니다. 공장식으로 소를 키우는 것은 대량의 고기 생산이 목적이기 때문에 소를 동물로 생각하지 않는다. 공장식 목축업자에게 소는 단순히 고기를 생산하는 기계일 뿐이다. 따라서 그들은 더 많은 고기를 생산하기 위해서 어떤 짓이든 서슴지 않는다. 축산업자들의 만행 중 가장 역겨운 것이 바로 초식동물인 소에게 동족의 내장과 골분을 사료로 만들어 먹인 행위일 것이다.

목축업자가 이러한 행위를 한 것은 나름대로 이유가 있다. 소를 도축하게 되면 뼈나 내장, 눈과 같이 먹지 못하는 부분이 대량으로 발생

한다. 이때 발생한 도축 폐기물을 사료로 만들면 폐기물 발생을 줄일 수 있고, 질이 좋은 사료를 만들 수 있다. 옥수수보다 값은 싸지만 단백질이 많아 소를 더 빨리 살찌우니 금상첨화다. 하지만 양질의 사료라고 생각했던 육골분 사료는 저렴한 고기와 광우병이라는 두 가지 선물(?)을 동시에 가져다주었다.

흔히 광우병이라 불리는 '우해면양뇌증(BSE: Bovine Spongiform Encephalopathy)'은 소의 뇌에 스펀지처럼 구멍이 생긴다고 해서 붙여진 이름이다. 이 병에 걸린 소는 침을 흘리고 비틀거리는 등의 증상을 보이다가 죽는다. 인간에게도 이와 유사하게 뇌가 스펀지 모양으로 되는 증상이 있는데, 크로이츠펠트 야콥병(CJD: Creutzfeldt-Jakob disease)이라 한다. 크로이츠펠트 야콥병은 50~70세 사이에 많이 발병하며 40세 이전과 75세 이후에는 발병률이 줄어든다. 흔히 크로이츠펠트 야콥병을 인간 광우병이라고 알고 있는 경우가 많은데 그렇지는 않다. 크로이츠펠트 야콥병은 광우병에 걸린 소고기와 아무런 상관없기 때문이다. 광우병에 걸린 소고기를 먹어서 걸리는 병은 변종 크로이츠펠트-야콥병(vCJD: variant CJD)라는 것으로 증세는 비슷하지만 서로 다른 병이다.

광우병을 일으키는 병원체로 주목받고 있는 것은 변형 프리온 (Prion) 단백질이다. 변형 프리온 단백질이 뇌 속에서 축적되면 세포를 파괴하고 조직에 스펀지 구멍을 내게 된다. 이 프리온이 양에게 스크래피(이 병에 걸린 양은 벽에 몸이 상할 만큼 문질러 대기 때문에 이러한 이름이 붙었다.)라는 질병을, 소에게는 광우병, 인간에겐 쿠루병이나 변형 크로이츠펠트 야곱병(vCJD)을 일으킨다는 것이다. 광우병이 무서운 것은 걸리면 치료법이 없으며 이 병원체를 죽이기 어려워 예방도 쉽지 않다는 점 때문이다. 대부분의 세균들이 적당한 온도로 가열하면 죽는 것과 달리 끓는 물속에서도 죽지 않으며, 소독약에도 잘 견딘다는 것이 더욱 사람들을 공포로 몰아넣는다.

초식동물인 소에게 동물 사료를 먹여 키움으로써 광우병이 발생하였을 가능성이 많기는 하지만 광우병의 발생 원인이 완벽하게 밝혀진 것은 아니다. 흔히 광우병이 프리온에 의한 것이라고 알려져 있지만 알려지지 않은 바이러스가 원인일 가능성도 조심스럽게 제기하는 등 아직 연구 중에 있다. vCJD의 잠복기는 10~50년까지 다양하며, 병에 걸렸는지 진단하기 어렵기 때문에 현재 얼마나 많은 사람이 걸렸는지 정확하게 알 수 없다.

최악의 시나리오로 생각해 보면 전 세계에 이미 광우병 인자가 퍼져 있으며 어느 곳도 광우병으로부터 안전한 곳은 없다고 할 수 있다. 그것은 우리 한우도 마찬가지라는 뜻이다. 하지만 그러한 비관적인 시나리오가 아니라면 소에게 양이나 소로 만든 동물성 사료를 먹이지 않는 한 광우병이 더 이상 증가하지는 않을 것이다.(이는 현재 영국의 경우 육골분 사료를 줄이자 광우병이 진정세로 돌아선 것을 보면 알 수 있다.) 현시점에서 광우병의 공포로부터 완전히 벗어날 길은 없다. 하지만 전 세계적으로 소가 광우병에 걸리는 경우는 크게 줄어들었고, vCJD에 걸린 사람도 거의 없으니 광우병을 두려워할 필요는 없다.

과거 사람의 뇌를 먹었던 포레족에게서 광우병과 비슷한 쿠루병(Kuru disease)이 발생했었다. 이 경우에도 뇌를 먹지 않았던 사람은 쿠루병에 걸리지 않았기 때문에 이 병에 대해 공포를 가질 필요는 없었다. 광우병의 경우에도(이미 광우병인자가 널리 퍼져 있다는) 최악의 시나리오가 아니라면 한우를 멀리할 필요는 없으며, 우리보다 더 청정한 환경인 호주산 쇠고기도 멀리할 필요도 없다. 가능성은 거의 없지만 혹시 광우병에 걸린 소인지 모르고 고기를 먹었다고 하더라도 뇌나 골수를 먹지 않으면 광우병을 걱정하지 않아도 된다. 그렇다면 많은 사람들이 그렇게 우려하는 미국산 쇠고기는 어떠한가? 아직도 미국산 쇠고기에 대해 문제를 제기하는 경우가 있지만 만일 그것이 광우병 때문이라면 걱정할 필요는 없을 것 같다. 우리나라는 미국산 쇠고기 수입률이 2019년 50%를 넘어 계속 증가하고 있는데, 아직 광우병에 걸렸다는 사례는 보고된 바 없다.

닭고기가 성적 조숙아를 만들었다?

몇 년 전 조류인플루엔자(AI: Avian Influenza)로 인한 국민들의 불안을 덜기 위해 보건복지부 장관이 오리고기와 닭고기를 시식했다. 이러한 정부의 노력에도 불구하고 AI에 대한 국민들의 불안이 완전 해소되지 않자 치킨 광고를 통해 조리한 닭은 안전하다고 홍보하기에 이른 것이다.

하지만 닭고기에 관한 한 이보다 훨씬 무서운 괴담 같은 이야기가 있다. 푸에르토리코서 미국 플로리다산 닭고기를 먹은 3~6세의 여아 2,000명이 생리를 하고 음모가 나는 등의 성적 조숙 현상을 보였다는 것이다. 원인은 바로 미국에서 닭을 빨리 성장시키기 위해 사용한 성장촉진제인 에스트로겐이 아이의 몸속에 그대로 전해졌기 때문으로 추정된다는 것. 이 이야기는 너무나 충격적이기 때문에 '푸에르토리코 닭고기' 라고 검색해 보면 쉽게 찾을 수 있다. 이 괴담을 두고 한쪽에서는 닭고기에 성장촉진제를 넣었기 때문이라고 주장하고, 환경호르몬 추적 방송에서는 프탈레이트가 여성호르몬으로 작용했기 때문이라고 단정한다. 푸에르토리코의 이 미스테리한 괴담은 정확한 출처도 없이 아직도 인터넷을 떠돌다

•• 프탈레이트(phthalate): 플라스틱을 부드럽게 하기 위해 사용하는 화학 첨가제.

•• 미국에서는 건강한 가축의 몸무게를 늘리는 수단으로 항생제를 먹이에 섞는 일을 오랫동안 일상적으로 행해 왔다. 또한 보디빌딩이나 역도를 하는 사람들이 몸을 우람하게 보이기 위해 건강을 해치면서까지 복용하는 스테로이드 호르몬을 가축의 체중을 불리기 위해 투입하고 있다. ─「음식혁명」

니고 있다.

축산업계에서 각종 성장촉진제와 항생제를 사용하는 이유는 가축을 튼튼하고 더 빨리 키울 수 있기 때문이다. 사람도 병에 걸리면 항생제 처방을 받듯이 가축도 건강하게 자라기 위해서는 항생제가 필요하다. 다만 문제는 예방을 위해 항생제를 마구 사용한다는 것이다.

1997년 WHO는 가축에게 일상적으로 항생제를 먹이는 행위를 금지하라고 요구했다. 그로부터 1년 후 「사이언스 Science」는 육류업계야말로 "인간의 질병을 야기하는 특정 박테리아들의 항생제에 대한 내성을 키운 장본인"이라고 주장했다. 사실 광우병보다 큰 문제는 슈퍼박테리아의 출현이다. 적당하게 운동을 하고 스트레스를 받지 않아야 건강하게 자라는 것은 사람이나 가축이나 마찬가지다. 과거 가축을 몇 마리씩 길렀을 때는 가축들이 건강하게 자랄 수 있었다. 하지만 더 싼 가격에 공급하려다 보니 공장식으로 가축을 사육하기 시작했고, 가축은 더욱더 허약해졌다. 약해진 가축을 빠른 시간에 키워서 시장에 내다 팔려고 하다 보니 성장촉진제는 물론이고 항생제를 남용하게 되었다.

이는 외국의 기업형 목축장의 이야기만이 아니다. 2004년 소비자 보호원의 조사에 따르면 국내산 및 수입산 육류 300점을 수거하여 항생제 등 잔류물질에 대한 시험검사 결과, 돼지고기 2점에서는 허용 기준치를 5~8배 초과하는 합성항균제가 검출되었다. 또한 닭고기는 엔로플록사신이 식약처에서 설정한 잔류허용기준보다 최고 50배를 초과하는 경우도 있었다. 2006년 식품의약안정청이 보건복지위원회, 안명옥 의원에게 제출한 보고서에 따르면 해마다 육류와 난류에서 동물용 의약품이 검출된 것을 알 수 있다.

우리 축산 농가의 과다한 약품 사용은 어제 오늘의 일이 아니며, 이 때문에 광우병보다 더 무서운 슈퍼박테리아가 등장할지도 모른다는 우려를 낳고 있다. 2002년 소비자 보호원은 육류, 어류, 야채류 및 가공식품 등 8개 식품군 18품목 212종을 대상으로 세균의 항생제에 대한 내성을 조사했다. 그 결과 시험대상 식품에서 검출(63%)된 대장균군 중 93%가 항생제 내성을 지니고 있는 것으로 나타났으며, 특히 4종류 이상의 항생제에 대해 내성을 가진 '다제 내성균'은 12%에 이르고 있다. 다제 내성균의 출현으로 머지않아 우리나라에서도 어떤 항생제로도 치료가 불가능한 슈퍼박테리아가 출현할지도 모른다는 우려를 낳고 있다. 슈퍼박테리아가 출현하게 되면 우리는 페니실린이 발명되기 이전의 암흑시대로 다시 돌아가게 된다. 결국 더 많은 고기를 공급하기 위한 인간의 욕심이 '슈퍼박테리아' 의 출현이라는 독이 되어 돌아온 것이다.

　들판에 가축을 풀어 놓고 키워야 하는 이유는 더 건강한 먹을거리를 위해서도 필요하다. 들판을 마음껏 뛰어다니는 닭이 낳은 달걀에 들어 있는 만큼 오메가3를 섭취하려면 달걀을 무려 20개나 먹어야 한다.

　가축을 풀어 놓고 키워야 경작지 토양과 지하수를 오염시키지 않고, 가축을 학대하지 않으며, 야생에 살고 있는 식물과 동물의 다양한 종을 유지할 수 있다. 이것이 유기농 제품을 사야 하는 이유다. 대규모 목축업은 삼림을 가장 많이 파괴할 뿐 아니라 대량의 메탄가스 방출로 온실효과를 유발하는 가장 큰 오염 발생원이다. 진정 자신을 생각하고 지구를 생각한다면 고기 가격이 오르더라도 항생제를 사용하지 않아도 되는 건강한 환경에서 가축들이 자랄 수 있게 해야 한다. 농업에 있어 대부분 잘못된 방향으로 이끌어 가는 주요인은 낮은 소비자 가격인지도 모른다.

탄 고기는 발암물질? 발암의심 물질?

　'고기는 역시 숯불에 구워야 제 맛' 이라는 말처럼 어디를 가나 흔히 볼 수 있는 것이 숯불구이 음식점이다. 그렇다면 생고기를 먹지 않고 고기를 굽는 이유는 무엇일까? 물론 맛도 맛이지만 고기에 있는 병원성 대장균(E.coli 0157:H7)을 죽이기 위해서이다. 고기를 구워 먹는 것은 좋지만 고기가 숯이 될 정도로 태우면 안 된다. 너무 익힌 고기는 암을 유발할 가능성이 있기 때문이다. 탄 고기가 아니더라도 담배 연기와 마찬가지로 훈제나 숯불구이에서 기름이 떨어져 생기는 연기 속에는 함유된 발암물질인 벤조피렌(Benzopyrene)이 들어 있을 수 있다.

숯불고기뿐 아니라 대부분 환경문제에서 '발암물질(또는 암을 일으킨다)' 또는 '발암의심 물질(암 유발의 의혹이 있다)' 등의 물질이 포함되어 있다는 것으로 겁을 주는 경우가 많다. 또한 '다량 섭취 시 암을 유발한다' 라는 기사도 많이 볼 수 있다. 여기서 겁을 준다는 표현을 사용하는 것은 어떤 물질이 암을 유발할지에 대한 판단이 쉽지 않기 때문이다. 어떤 물질은 아주 소량이라도 암을 유발하지만 어떤 물질은 어느 정도의 양에도 괜찮아서 그 한계치를 정하기가 대단히 어렵기 때문이다.

국제암연구소는 역학 연구와 동물 실험에 기초하여 발암성의 정도에 따라 물질을 5가지로 분류한다. 여기서 1그룹에 해당하는 물질이 인간에게 암을 일으키는 발암물질(carcinogenic)이라고 할 수 있다. 아플라톡신이나 다이옥신과 같은 물질이나 감마선, 엑스선과 같은 복사선과 B형과 C형 간염바이러스도 바로 발암물질로 분류된다. 혼합물로는 담배와 술이 1그룹에 속하지만 놀랍게도 벤조피렌과 PCB는 2A그룹에 속한다.(인간에게 암을 일으킬 개연성이 있는 물질에 속한다는 것이다.)

흡연을 제외하면 어떤 것도 치명적으로 암을 일으키지 않는다. 흡연은 인류의 산업 활동에 의해 발생하는 모든 오염물질보다 암 발생에 훨씬 더 많은 영향을 끼친다. 집안에 골초가 한 명 있는 것이 집 근처에 대기오염 방지시설을 갖춘 소각장이나 공장이 들어서는 것보다 암에 걸릴 확률을 높인다는 말이다.

오염물질뿐 아니라 바이러스, 방사선 물질 등 우리 주변에는 발암 물질 또는 발암 의심 물질이 가득하다. 쉽게 말해 냉장고를 열고 아무거나 먹으면 당신은 발암의심 물질을 섭취하게 된다. 어떤 물질이 암을 유발할 수 있다는 것은 거의 대부분의 경우에 진실이다. 왜냐하면 동물 실험에서 모든 합성물질의 59%가 그리고 모든 자연물질들의 57%가 암을 유발하는 것으로 증명되었기 때문이다. 미국 학자 브루스 에임즈와 루이스 골드는 설치류에게 일련의 자연물질을 투여하고, 암이 발생할 수 있는지 조사해 보았다. 그 실험에 따르면 사과, 바나나, 오렌지, 브로콜리, 당근, 포도도 발암물질이 나오는 식품이라고 한다.

이 실험에 놀랄 필요는 없다. 움직일 수 없는 식물은 자신을 지키기 위해 다양한 물질을 만들어 내는데 이러한 물질이 다른 동물에 해가 되는 것은 당연하기 때문이다. 인간이나 많은 동물들은 오랜 세월동안 그 물질들에 적응을 했을 뿐이다. 이를 과량 주사하면 암을 유발할 수도 있는 것이다. 파라셀수의 말은 암에서도 마찬가지로 적용된다. 발암유발 의심물질의 섭취가 과하지 않다면 그것으로 걱정할 필요는 없다.

한쪽에서는 송전선에서 발생하는 전자파에 의해 인근의 어린이가 백혈병에 걸릴 위험이 높아진다고 하며, 전자파도 인간에게 암을 일으킬 수 있는 요인으로 간주해야 한다고 주장한다. 하지만 아직도 전자파와 암 발생과의 직접적인 상관관계가 밝혀진 것은 아니다. 물론 그렇다고 안전하다는 의미는 아니지만 멀리 수십 미터 떨어진 고압 송전선에 의해 발생하는 자기장의 세기보다는 집안의 가전제품, 더 가까이는 옆에 앉아 있는 사람에 의해 발생하는 자기장의 세기가 더 세다.

담배를 피고 술을 마시면서 소량의 발암물질이 들어 있는 음식을 멀리한다는 것은 정말 바보짓이라 할 수 있다. 물론 발암물질이 들어 있는 음식을 마구 먹어도 된다는 것은 아니다. 또한 국민보건을 위해 이러한 음식의 제조를 금지하고 철저히 관리해야 하는 것도 옳다. 단지 언론에서 어떤 음식에 발암물질이 들어 있다는 발표를 한다고 해서 너무 호들갑을 떨 필요는 없다는 것이다.

●● 포도주가 심장병을 예방한다는 연구가 주로 프랑스에서 나오고, 영국에서는 이를 반박하는 연구 결과가 나오며, 비타민 C가 암 발생을 억제한다는 연구 논문이 비타민 C 제조업체의 후원을 받은 연구소에서 주로 나온다는 사실을 상기해 본다면, 우리가 연구 결과 하나하나에 지나치게 민감해질 필요는 없을 것 같다. 『헬리코박터를 위한 변명』

TV 밖의 CF 외전
소도 영어를?
1
음~
음~
2
헤이, 젖소!
팔자 좋구다아, 응?
맛있겠다
우리랑 얘기 좀 할까?
3
...

멀뚱멀뚱 보지 말고 이 형님이
배가 고파서 말이지.
4
너를 잡쉬야
되겠따 이거야!
뭘 말인지 알지?
5
암… 암… 쳐 미쿡에서와서 한쿡말
찰 모… 모태요, 유낭쎄이~?
FTA 때문에
나 한쿡 와써요.
FROM, AMERICA
6
아씨… 돌겠네, 진짜!
이제 나도
영어해야 해?

미녀라 괴로운 김아중이 섹시한 S라
인을 뽐내며 검색대를 통과한다. 무엇
을 찾으려는 것인지 알 수 없지만 김아
중의 몸을 검색하던 여자 검색 요원이
그녀의 군살 없는 배를 살짝 꼬집어 본다.
검색 요원들이 감탄하자 김아중이 살짝 그 비밀을 알려준다. 그녀
가 뒤에서 살짝 보여준 것은 바로 현미흑 초다.

>> 미녀는 무엇을 좋아할까? <<

한채영이 얼음을 띄운 음료를 마신다. 못난이 인형들은 "하여튼 이쁜 것
들은 독하다니까", "눈 하나 깜짝 안 하고 식초를 들이키네"하고 놀라워한
다. 잔을 끝까지 비운 한채영이 못난이 인형들을 보며 식초처럼 새큼하게
한마디 한다. "식초가 아니라 홍초거
든." 식초라면 냄새도 맡기 힘들겠지만
홍초는 단숨에 잔을 비울 만큼 맛이
있단다.

미녀는 무엇을 좋아할까?

미인이 되기 위한 방법이 날이 갈수록 복잡해지고 있다. 예전의 미스코리아들은 "사과를 좋아해요~."라고 닭살 돋는 수상소감을 이야기하곤 했었지만 요즘엔 그런 것이 별 이야깃거리가 되지 못하는 모양이다. 요즘은 미인이 되기 위해서 마셔야 할 것도 많다. 석류, 식이섬유, 비타민 C는 기본이며, 갖가지 식초도 마셔야 한다. 콜라겐과 아미노산을 마셔야 하며, 녹차뿐 아니라 적어도 17가지 정도의 차는 마셔줘야 날씬해질 수 있다. 건강을 위해서도 마셔야 할 것이 많다. 하루에 필요한 야채는 기준에 맞게 마셔야 하며, 색깔에 맞춰서 먹으면 더욱 좋다. 산삼이나 6년근 홍삼쯤은 마셔줘야 직장에서 정상 근무가 가능하다. 관절에는 역시 글루코사민이 최고라는 것을 모르면 바보 취

급을 받을 만큼 건강식품들이 우리 생활 깊숙이 파고들었다. 이렇게 다양한 기능성 음료와 기능성 식품이 등장하게 된 것은 최근에 과학기술의 발전으로 생리활성물질을 탐색하고 분리·정제하는 것이 가능해졌기 때문이다.

기능성 음료들과 건강기능성 식품이 광고대로 효능이 있다면 아마 병원 신세를 질 일은 없을 것이다. 하지만 아쉽게도 현실은 다르다. 실제 건강기능성 식품에 대한 소비자의 불만이 끊이지 않는다. 복용 후에도 아무런 효과를 보지 못하거나 오히려 부작용에 시달리는 경우가 많기 때문이다. 건강기능성 식품은 질병 치료효과를 주장할 수 없음에도 소비자들이 그렇게 오인하도록 광고를 한다. 또한 '함량 100%'라고 광고를 하지만 실제는 주성분이 그에 훨씬 못 미친다거나 함량을 부풀리는 등의 허위광고도 점점 심해지고 있다.

물론 소비자들이 너무 쉽게 속는다는 것도 문제이다. 음료수 몇 병에 피부가 탱탱해질 것이라고는 생각하지 않지만 다른 음료보다 몸에 좋을 것이라는 막연한 생각에 더 많은 비용을 지불하고 마신다. 기능성 음료의 경우 생리활성물질의 함량이 너무 적어 부작용을 나타내는 경우는 없지만 그 때문에 특별한 효과를 기대하기도 어렵다.

오늘날 대중매체와의 접촉도가 높기 때문에 소비자들은 자연스럽게 대중매체가 주는 정보에 의존하도록 길들여졌다. 찜질방에 모여서 이런 저런 이야기를 나누다가 전해들은 건강 정보, TV를 보다가 전해들은 정보, 잡지 등의 정보가 혼합이 되어 건강 전문가가 아닌 사람이 드물 정도다. 하지만 문제는 그 많은 자칭 전문가들 사이에 정확한 정보를 가진 사람은 그리 많지 않다는 것이다. 이것이 바로 건강기능성식품의 문제를 일으키는 원인이 되는 것이다.

먹고 죽은 귀신은 때깔도 좋다?

TV 드라마 「주몽」에 보면 아픈 사람을 가장 잘 치료하는 사람은 바로 신녀인 여미을이다. 여미을의 치료 방법은 단지 환자 옆에서 기도하는 것밖에 없지만 신기하게도 환자가 완쾌된다.(물론 이것이 여미을의 능력이 아니라는 것을 시청자들은 알 것이다. 이 능력은 드라마 제작자의 능력일 따름이다.) 동서양을 막론하고 주술사들은 여미을과 마찬가지로 기도와 다양한 약초를 활용하여 환자를 치료했다.

파라셀수스가 등장하기 전까지 사람들은 완벽하게 음식과 약, 독을 구분해서 사용하는 것은 아니었다. 이와 같이 치료제로 사용되었던 음식들은 그 속에 약효가 있는 성분이 있어 치료에 도움을 주는 경우도 있었지만, 실상 자연 치유되는 경우가 더 많았다. 하지만 과거에는 이를 구분할 수 있는 의학 지식이 없었기에 약효가 있다는 많은 음식이 문헌에 등장하는 것이다.

•• 파라셀수스: 한.때 돌팔이 또는 연금술사로 신비스러운 인물로 알려져 있었으나, 오히려 그는 당시에 널리 행해진 미신적인 치료술을 거부한 인물이다. 전통적인 의술책을 불태우는 등 풍습을 타파하고, 의학에 화학적인 방법을 도입해 '의화학의 시조' 라고 불린다. 현대적 의미의 약학은 바로 파라셀수스에서 시작되었다고 할 수 있다.

간혹 기능성 식품이나 정체불명의 약을 팔면서 유명한 옛 문헌을 들먹이는 경우가 있다. 하지만 옛 문헌에 기록되어 있다고 그것이 질병 치료에 효험이 있다는 근거는 되지 못한다. 과거 기록 중에는 설탕을 약으로 사용했다거나 심지어 석유를 치료제로 사용했다는 기록도 있다. 이 기록들이 설탕이나 석유가 질병 치료에 효험이 있다는 근거가 될 수 있을까?

여러분들은 아주 과거에나 이러한 것들이 치료제로 사용되었을 것이라 생각하겠지만 오늘날에도 이러한 사기 사건이 자주 발생한다. 드라마 「장미빛 인생」에서 암에 걸린 아내를 위해 암 치료 효과가 있다고 광고하는 물을 비싼 가격에 구입해서 먹이지만 아내는 결국 암으로 죽고 만다. 그렇다고 음식이 전혀 건강이나 치료에 도움이 안 되는 것은 아니다. 음식이 그 사람의 건강에 많은 영향을 준다는 '의식동원(醫食同源)' 즉, '약과 음식은 기원이 같다' 라는 생각으로 확고하게 사람들 마음속에 자리 잡고 있듯이 분명 식이는 건강과 밀접한 관련이 있다.

최근에는 웰빙 바람을 타고 의식동원 사상을 강력하게 전파하는 각종 TV프로그램도 많이 등장했다. 이 중 하나가 바로 KBS 「비타민」으로 동명의 책도 많은 인기를 끌고 있다. 이 방송은 일단 어떤 질병으로 시청자와 게스트를 겁준다. 이후 전문가가 등장하여 질병에 대한 설명을 한다. 마지막으로 질병에 좋은 음식을 소개한다. 이러한 진행은 전형적인 '떠돌이 약장수' 포맷을 그대로 따르고 있는 것이다. 마치 그 프로그램을 보고 있으면 그 음식을 먹으면 그 병에 절대 걸리지

않거나 병중이라도 치료될 듯한 느낌을 받게 된다. 하지만 아무리 좋은 음식을 먹는다고 해도 음식은 음식일 뿐이다. 음식에서 어떤 치료 효과나 약효를 기대하는 것은 무리다. 물론 「비타민」이 병에 대한 다양한 정보를 제공하고 건강에 좋은 음식을 소개한다는 것은 좋은 일이다. 하지만 이를 지나치게 믿는 시청자들은 자칫 음식을 약으로 오인할 수도 있는 것이다.

'어떤 병에는 뭐가 좋더라' 라는 말을 듣고 '좋다는 것은 다 먹어 봤는데 효과가 없다' 라는 말들을 한다. "마늘을 먹고 암을 고쳤다고 한다.", "어떤 연구소에서 사과가 항암 효과가 있다고 한다.", "호두가 치매를 예방한다고 한다.", "토마토가 노화를 막아 준다고 한다." 마늘, 사과, 호두, 토마토가 몸에 좋은 음식이며 건강에 도움이 된다는 것은 의심할 여지가 없다. 하지만 이들 음식이 떠도는 이야기들과 같이 이러한 극단적인 효과를 낼 수 있을지에 대해서는 여전히 의문이 남는다. 오히려 어떤 음식의 치료 효과를 지나치게 믿고 필요 이상으로 섭취할 경우 부작용이 생길 수 있다. 약효가 있다고 알려진 음식들에서 많은 시간과 예산을 투자해 활성 성분을 추출해 내려는 것도 음식과 약이 분명한 차이가 있음을 알려 주는 것이다.

석류는 미녀를 좋아해~

한가인은 "몸매야~ 몸매야, 브로콜리처럼 가벼워져라, 얼굴아~ 얼굴아, 토마토처럼 탱탱해져라."라고 주문(?)을 외운다. 이러한 주문이 성공하기 위해서 마셔야 하는 주스의 양은 350g이라고 하며, 유기농으로 마시면 좋다고 한다. 물도 안마시던 그녀가 마시기 시작한 음료가 무엇일까? 몸에 좋다는 차를 한 가지도 아닌 17가지를 넣고도 칼로리는 '0'. 이영아는 어제 밤에 무엇을 했는지 아침에 몰골이 말이 아니다. 형편없어 보이는 피부에는 콜라겐을 마셔야 한다. 즉 여자들이 바른 생활하는데 꼭 필요한 음료가 바로 콜라겐이라는 것이다. 또한 삼순이로 유명한 김선아는 지나가는 늘씬한 아가씨를 부러운 듯이 쳐다본다. 그리곤 콜라겐을 마신다.

최근에는 바르는 화장품뿐 아니라 먹는 화장품인 미용식품이 새로운 각광을 받고 있다. 즉 완전한 아름다움을 갖추기 위해서는 몸의 안팎으로 모두 충분한 영양을 공급해야 한다는 것이다. 먹고사는 문제가 해결되면서 건강과 함께 미용에 관심이 증가할 것이기 때문에 앞으로 더욱더 미용식품 시장은 넓어질 것이다. 2002년 영국 시장조사 전문기관인 유로모니터(Euromonitor) 조사에서 미용식품의 전체 시장 규모는 전 세계 시장이 4조 5억 원, 향후 2007년도의 전 세계 시장은 5조 8천억 원을 예상하고 있다고 한다.

먹을 수 있는 화장품은 기존의 화장품들과는 달리 피부 노화의 억제를 영양적 측면에서 접근하고 있다는 데서 특색이 있다. 야채나 과일을 위주로 하는 미용식, 녹차나 허브차 등의 미용차 등이 먹을 수 있는 화장품의 원형이라고 할 수 있을 것이다. 녹황색 채소와 색깔 과일을 많이 먹어야 한다는 것은 이제 상식으로 통한다. 이들 음식에는 식물이 자신을 지키기 위해 만든 '식물화합물(phytochemical)' 이 들어 있는데 이 성분의 생리 작용이 인체에 유용한 작용을 한다. 이러한 식물화합물이 심장병을 줄여 주고 항산화 작용과 항암작용을 하는 것이다. 당근에 많이 들어 있다고 알려진 베타카로틴이나 토마토의 라이코펜이 식물화합물에 속한다. 또한 시금치의 루테인, 포도나 포도주에 들어 있는 레스베라트롤, 블루베리나 머루의 안토시아닌, 양파나 마늘의 퀼세틴 등이 있다.

콜라겐은 피부를 구성하는 단백질로 피부를 탄력 있고 윤기 있게 만든다. 나이가 들어 피부의 탄력이 떨어지는 것도 콜라겐의 양이 줄어들기 때문이다. 따라서 콜라겐을 보충해 준다면 탄력 있는 피부가 될 것이라는 기대를 하는 것은 어떻게 보면 당연하다. 하지만 몸은 음식물로 섭취해 몸속에서 합성한 단백질이 아니면 받아들이지 않기 때문에 콜라겐을 먹는다고 아줌마의 피부가 탄력 있는 아가씨 피부로 쉽게 바뀌지는 않는다. 따라서 콜라겐이 들어 있는 음료는 의약품은 고사하고 기능성 식품으로도 인정되지 않는다. 콜라겐 음료는 단지 '기타 가공식품'일 뿐이다. 콜라겐 음료가 아니라 기능성 식품이라 하더라도 콜라겐은 소화기관을 거치면서 대부분 다 흡수되기 때문에 콜라겐이 피부로 흘러가는 경우는 거의 없다. 피부로 가는 것도 콜라겐의 형태로 가는 것이 아니라 소화된 후 피부에서 다시 콜라겐으로 합성되

•• 타우린의 기능은 다른 아미노산에 비해 아주 최근에 밝혀졌다. 인체에는 수많은 체내 물질과 다양한 아미노산이 있는데 특정 아미노산의 기능이 온갖 성인병을 예방할 수 있을 정도로 대단한지는 심층적인 검토가 필요하다. 타우린의 효과가 워낙 다양한 만큼 거꾸로 그 효과가 특이하지 않거나 미약할 수도 있고 아직 발견하지 못한 부작용을 수반할 수도 있는 것이다. ―『꼭꼭 씹어 먹는 영양 이야기』

는 과정을 거치게 된다. 콜라겐뿐 아니라 우리 몸을 구성하는 모든 세포들은 우리가 먹은 음식물을 그대로 이용하는 게 아니라 작은 분자로 소화시킨 후 다시 합성하는 과정을 거친다. 따라서 바르든 먹든 그 분자가 그대로 우리 피부나 다른 장기에 들어가 우리 몸을 구성한다고 주장하는 광고들은 거의 과장광고일 가능성이 많다.

비타민 C는 많이 먹을수록 좋다

이효리가 조깅을 하고 있는 모습을 보고 허약해 보이는 남자가 말을 걸어온다. 하지만 이효리가 점점 빨리 뛰자 이내 지쳐서 따라오지 못한다. 작업은 뻐꾸기가 아니라 체력이기 때문에 그에게는 마시는 비타민 C가 필요하다.

편의점에 들어온 동네 건달들이 연약해 보이는 여점원의 장풍에 혼쭐이 난다. 이 아가씨가 이렇게 힘을 쓸 수 있는 것은 바로 아미노산 함유 저칼로리 음료를 마셨기 때문이다.

전통적 드링크 음료의 대명사 '박카스'. 의약외품인 박카스에는 타우린이라는 성분이 함유되어 있어 피로 회복(사실은 피로 제거가 옳은 표현이지만 '피로회복엔 박카스 D'라는 카피가 유명해 신문이나 뉴스에서 그대로 사용하고 있을 정도이다.)에 도움이 된다고 알려져 있다. 박카스는 시골 어른들이 가장 즐겨 찾는 건강 음료로 자리 잡았고, 남는 박카스 병은 참기름 병으로 흔히 사용될 정도였다. 이런 박카스 40년 신화에 도전장을 내민 것은 '비타500'이다. 비타500은 '마시는 비타민'을 표방하며 2000년도부터 불기 시작한 비타민 C 열풍을 타고 당당하게 업계 1위 자리를 놓고 박카스와 경쟁하는 자리에까지 올라선다.

사실 박카스나 비타500이 내세우는 건강성분인 타우린과 비타민 C는 어떤 업체나 쉽게 만들 수 있다. 문제는 다른 카피 제품들이 따라올 수 없는 두 제품의 맛에 성공의 비결이 있을 것이다. 맛있다 보니 남녀노소를 막론하고 이러한 자양강장제를 마치 물마시듯 마시는 경우가 있다. 이럴 경우 크게 두 가지 문제가 발생할 수 있다. 타우린과 비타민 C가 몸에 좋은 성분이기는 해도 과다 섭취하게 되면 문제가 된다. 타우린은 아미노산의 일종으로 항산화작용과 해독작용이 있어 피로회복제로 사용된다. 마른 오징어의 흰색 가루에 풍부한 것이 바로 타우린이다. 하지만 타우린을 과다 복용하게 되면 설사나 위궤양 등의 부작용이 있다. 비타민 C는 대표적인 항산화제로 알려져 있으나 과다 복용하게 되면 오히려 산화제로 작용한다는 주장도 있다.

또 다른 문제는 방부제인 안식향산나트륨을 과다 섭취하게 될 수 있다는 것이다. 따라서 이들 제품은 많아야 하루에 세 병 정도(100ml 기준), 아이들의 경우 한 병 정도 마시는 것이 좋다.

100ml병을 기준으로 비타500에는 700mg, 비타파워에는 700mg, 비타천(1000)플러스는 1병(120ml)에 1,200mg의 비타민 C가 함유되어 있다. 이들 제품에 비타민 C가 표시보다 많이 들어 있는 것은 비타민 C가 빛이나 열에 약해 유통과정에서 잘 분해되기 때문이다. 따라서 제조할

때 비타민 C를 700mg 집어넣었더라도 소비자들이 마실 때는 이보다 많이 줄어들기 때문에 이를 감안해서 많이 넣은 것이다.

비타민 C의 1일 권장량은 70mg인데 왜 이렇게 많이 넣는 것일까? 이는 소비자들이 비타민을 마치 부작용이 없는 보약쯤으로 생각하기 때문이다. 부작용이 없다면 부족한 것 보다는 많은 것이 좋다고 여기는 것이다. 하지만 베타카로틴, 비타민 A, 비타민 E 등의 항산화제 비타민 보충제가 사망위험을 줄이는 효과가 있는 것이 아니라 오히려 사망 위험을 높일 수 있기 때문에 주의가 필요하다.

비타민 A는 과잉 섭취하면 해가 될 수 있으나 베타카로틴은 몸에 필요한 양만큼 비타민 A로 전환되기 때문에 전혀 해롭지 않다. 식품에서 발견되는 카로틴이 발암 요인의 감소로부터 심장병 예방에 이르기까지 다양한 효과가 있다는 증거가 많지만, 순수 분리된 카로틴의 섭취가 건강에 도움이 된다는 증거는 거의 없다. 따라서 신선한 과일과 채소를 통한 카로틴의 섭취가 순수 분리된 베타카로틴을 섭취하는 것보다 효과가 좋다. 조금 귀찮더라도 싱싱한 녹황색 야채와 과일을 먹는 것이 가장 좋다.

아미노산 음료도 마찬가지이다. 아미노산(amino acid)은 아미노기($-NH_2$)와 카르복실기($-COOH$)가 동일한 탄소원자에 붙어 있는 유기화합물을 말한다. 아미노산은 단백질의 원료로 20개의 아미노산이 다양하게 결합되어 생물의 다양한 단백질을 구성한다. 따라서 생물에게 필수적인 아미노산을 공급하는 아미노산 음료들은 당연히 건강에 도움이 될 것이라고 생각하기 쉽다. 하지만 시중에 판매되는 제품 중 건강에 도움을 줄 만큼 아미노산이 풍부하게 들어 있는 음료는 없다. 단순히 다른 탄산음료보다 나을 뿐이지 건강에 도움이 된다고 보기 어렵다.

건강기능성 식품이 몸을 망친다

엄청나게 덩치가 큰 역도 선수가 역기를 들어 올리지 못하고 끙끙거리고 있다. 이에 심판으로 있던 박준규가 얼른 달려와서 그러다 다친다며 역기를 쉽게 들어올린다. 또한 바다에서 낚시를 하며 엄청나게 큰 상어를 낚아 올린다. 이러한 괴력을 발휘할 수 있는 비결은 홍삼 한 뿌리를 갈아 넣은 음료를 마셨기 때문이다.

원기를 북돋워 주는 대표 건강식품이 인삼이다. 하지만 이러한 인삼도 한국인삼공사에 따르면 "100명 중 3명 정도가 부작용을 보일 수 있다"고 한다. 하지만 대부분의 사람들은 홍삼은 누구나 먹어도 안전한 식품으로 알고 있어 홍삼 제품을 복용할 때 주의가 필요하다.

대부분 케이블 TV나 잡지, 신문 등에서 자주 볼 수 있는 건강기능성 식품 광고를 보면, 마치 만병통치약 같다는 생각이 든다. 수험생과 일이 많은 직장인들은 홍삼을 먹고, 관절이 좋지 않은 노인들은 글루코사민, 골다공증 예방을 위해서는 칼슘, 암 예방을 위해서 상어연골을 먹는다. 과연 이 건강기능성 식품으로 모든 문제가 해결되는 것일까?

2005년 5월 대한의사협회와 대한의학회는 총 72종의 건강기능식품과 보완대체요법을 대상으로 효능을 조사해 발표한 적이 있다. 총 6개의 등급(사실은 7등급이지만 관련단체의 반발이 심하자 보고서를 발표할 때 근거불충분 항목은 삭제해 버렸다.) 중 1등급(권고)은 없었으며 2등급(권고 가능)은 설사의 유산균 치료효과 등 4종류였다. 글루코사민의 관절염 치료 효과는 3등급인 '권고 고려'를 받았다.

이에 앞서 2003년 서울대병원 가정의학과 유태우 교수 팀은 국내외에 발표된 학술논문 2,000여 편과 제조업체에서 제출받은 자료 등의 검토 작업을 거쳐 건강식품 업체 등이 선전하는 효과를 5개 등급으로 분류했다. 조사팀은 권장할 만한 확실한 과학적 근거가 있는 경우 'A',

권장할 만한 근거가 있는 경우 'B', 효과에 대한 상반된 견해가 존재할 경우 'C', 권하지 말아야 할 (확실한) 증거가 있는 경우 'D', 과학적 근거가 아예 없거나 있다 해도 아주 초보적인 동물실험 수준일 경우 'I' 등급으로 분류했다.

이에 따르면 전체의 35% 정도만이 A 또는 B 등급을 받았다고 한다. '이 제품은 저희 연구소에서 새로운 방법으로 만든 것으로 의약품 허가 절차가 까다로워 우선 여러분께 건강식품으로 소개를 합니다.'라는 떠돌이 약장수. 그의 말과 같이 의약품과 기능성 식품은 허가 절차에서부터 다르다. 의약품은 그 허가 절차가 매우 까다롭고 비용이 많이 든다. 이에 비해 건강기능성 식품은 일반적으로 의약품 제조비용의 1/10 정도 밖에 들지 않는다. 이 때문에 일부 업자들은 약효가 있지만 의약품 허가를 낼 돈이 없어 이렇게 소비자들에게 직접 가지고 나왔다고 소개한다. 하지만 그러한 소개는 '약효는 있는 듯 의심되고 부작용 가능성이 있어 여러분에게 대충 팔고 싶어 가지고 나왔다' 라는 의미이다. 동물실험과 3단계에 걸친 임상시험을 거쳐야 하는 의약품과 식약처에서 승인한 품목에 들어있으면, 신고만 하면 누구나 제조 판매가 가능한 건강식품이 같은 효능을 낼 리 만무하다. 제조사의 주장을 믿지 않는 것이 속지 않는 길이다.

건강기능성 식품은 식품과 의약품의 중간적인 성질을 가진 식품이다. 따라서 식품과 같이 안전해야 하며 또한 기능성도 있어야 한다. 기능성을 강조하기 위해 특정 성분만 강화한 식품을 잘못 먹게 되면 오히

•• 건강기능성 식품 중 '특허 획득'이나 '안정성 입증', '기능성 입증', '세계 최초' 등의 문구 등은 아무런 의미가 없다. 특허 획득은 추출 방법과 같은 제조상의 특허일 뿐이고 안정성 입증은 중금속과 같이 유해한 성분이 없다는 뜻일 뿐이다. 또한 '천연'이라고 주장하는 제품의 경우에는 알지 못하는 성분에 의해 오히려 부작용이 있을 수 있다.

려 낭패를 볼 수도 있다. 이러한 건강기능성 식품의 특징을 알고 먹어야 약이 되며, 자칫 소문만 믿고 먹으면 오히려 건강을 망치는 독이 될 수 있다는 사실을 명심해야 한다.

2002년 7월 미국의 공중과학센터는 약초가 강화된 기능성 음료에 대한 우려를 표명하면서, FDA가 이러한 제품의 판매를 중지해 줄 것을 요청한 바 있다. 기능성 식품이 어떤 사람에게는 건강에 이로울 수도 있지만 생리활성성분을 무차별적으로 식품에 첨가하는 것은 안전성에 문제가 있을 수 있기 때문이다.

건강기능성 식품 광고의 문제점

  식품의 건강 강조표시에서 충족되어야 할 최소한의 필수조건은 다음의 2가지이다. 첫째는 건강 강조표시는 진실이어야 하고, 그것은 과학적인 뒷받침으로 확실하게 실증되어야 한다는 것이다. 둘째는 식품의 건강 강조표시와 의약품의 표시를 혼동하지 말아야 한다는 것이다. 이것은 식품의 건강 강조표시의 밑바탕에는 식품과 의약품의 구별이 확실하게 이루어져야 한다는 것이다.

　과학에 근거한 기능성 표시를 한 광고는 인정되지만 허위·과대 표시를 한 광고는 할 수 없다. 따라서 암을 예방한다거나 고혈압과 당뇨 등 만성질환을 예방한다는 내용은 광고할 수 없다. 또한 약과 함께 복용하면 약의 효능을 높여 준다는 광고나, 학술자료 등을 제시하여 마치 치료 효과가 입증된 듯한 광고도 할 수 없다. 하지만 건강식품 제조사에서 마치 약효가 있는 듯이 광고를 하여 소비자를 현혹시키고 법을 위반하는 경우도 적지 않다.

　한국건강기능식품협회의 기능성 표시·광고심의 결과를 보면 광고 내용이 적합하지 않아 수정을 요구하는 경우가 많다는 것을 알 수 있다. 예를 들어 글루코사민의 경우 "관절과 연골기능개선에 도움을 줍니다."라는 광고 카피를 '관절과 연골의 건강에 도움을 줍니다.' 로 바꾸도록 하거나 '섭취대상자, 체력증진' 과 같은 문구를 삭제하도록 하는 것이다. 또한 '글루코사민이 인체에 많이 존재하면 연골이 튼튼해져' 와 같은 문구도 삭제 대상에 해당된다. 이 같은 문구는 글루코사민이 많이 존재할수록 연골이 튼튼해진다는 오해를 불러올 수 있기 때문이다.

　2003년 소비자보호원의 건강식품 광고 실태 조사에 따르면 상당수의 광고들이 '지방간으로 쉽게 피곤한 분', '수술 후 빠른 회복을 원하는 분' 등 신체가 건강하지 않은 사람들을 대상으로 자사 제품을 사용하면 의약학적인 효능·효과를 얻을 수 있는 것처럼 암시하거나 '암과 당뇨에 탁월한 효과' 등 질병 예방과 치료에 효과가 있다거나(5종), '숙변을 제거하고 장을 청소한다' 등 의약학적인 효능·효과가 있다(4종)는 등의 내용으로 관련 법규를 위반한 것으로 나타났다.

많은 소비자들은 건강 관련 식품을 건강 증진 및 질병 예방 또는 치료 목적으로 구입한다. 질병 치료 효과가 없는 건강식품을 치료 효과를 기대하고 먹었으니 소비자가 불만을 가지는 것은 당연할 것이다. 최근 들어 소비자 상담 및 불만 사례 중 건강식품의 비중이 증가하여 소비자보호원의 품목별 불만 상담 건수 중 기타 건강식품 상담 건수는 품목별 상담 건수별로 볼 때 1위를 차지하고 있다는 것은 건강식품에 대해 소비자들이 얼마나 오해를 많이 하고 있는지 알 수 있다.

식품 또는 식품 성분이 건강에 미치는 효과에 대하여 과학 문헌에 제시된 근거들이 연구 설계나 연구 대상 등 여러 가지 요인 때문에 때때로 모순되거나 상충되는 경우가 있다. 이러한 점 때문에 미국, 캐나다, 영국은 건강 강조 표시를 입증하기 위해서는 가능한 한 광범위한 문헌에 근거하고, 모든 과학적 증거를 총체적으로 검토해야 한다고 규정하고 있다.

건강기능성 식품이 아무런 효과가 없는 것은 아니다. 비타민 D는 칼슘 흡수에 도움을 주며, 칼슘은 뼈를 구성하는 데 필요하다. 비타민 C와 E는 항산화 작용을 하며, 비타민 K는 혈액응고에 도움을 준다. 인삼 성분은 원기회복에 도움이 되며, 식이섬유는 지방흡수를 저하시키는 등 건강기능성 식품의 기능성이 인정된 경우도 많다. 나날이 급성장하는 건강기능성 식품 시장에 뒤쳐지지 않기 위해 제도와 법령을 개선하고 과학적인 연구를 통해 세계화 추세에 발맞춰 가야할 필요가 있다. 관련 단체끼리 힘겨루기로 기능성식품 시장을 외국에 모두 내어 준다면 우리 업계에도 큰 손실이며 국민 보건에도 득이 되지 않는다. 단지 소비자들의 건강기능성 식품에 대한 맹신이 오히려 자신의 건강을 망칠 수 있다는 것을 명심해야 할 것이다.

미녀라서 괴로워

송혜교씨!
몇 가지만 묻겠습니다!
송혜교씨!
잠시만요!
잠시만요!
한가지만 대답해주시죠!
피부미인이 될 수 있었던
비결이 뭡니까!!
제 피부의 비결이요?

4
꿀꺽
꿀꺽
5
저는 매일 이 식초를 마셔요!
이게 바로 제 피부의…
6
아, 예…알겠습니다….
더이상 말씀하지 마세요….
독해다, 독해….
식초를… 우웩!!
비, 비결….
으악! 냄새….

아들 손자, 며느리와 둘러 앉아 저녁 식사를 하던 최불암은 흰둥이를 챙기는 것도 잊지 않는다. 최불암이 손자들과 함께 흰둥이 곁으로 간다. 흰둥이의 강아지들이 어미젖을 먹고 있는데 한 녀석이 젖을 찾지 못하고 헤맨다. 어두워서 강아지가 어미젖을 찾지 못한다고 생각한 아이는 오렌지에 금속조각을 꽂고 전선을 연결해 전구를 켠다. 아이 1, 2가 불을 가져가 빛을 밝히자 헤매던 강아지가 쪼르르 달려가 어미젖을 문다.

>> 빛으로 이어지는 행복한 세상 <<

시골 학교의 어느 교실. 빛을 노래하는 아이들의 목소리가 온 세상에 전해지는 듯하다.
빛이 있어 세상은 밝고 따뜻해~♬ 우리들 마음에도 빛이 가득해~ 빛은 사랑, 빛은 행복~ 아름답고 행복한 세상~ 만들어 가요 ♪~
노래는 전선을 타고 가가호호 흐르는 전기처럼 곳곳에 빛과 행복을 전한다.

빛으로 이어지는 행복한 세상

과연 오렌지로 만든 전구의 빛이 감탄할 만큼 밝은지 의문이지만 밝은 것이 좋은 것은 분명하다. 이렇게 밝게 세상을 비춰주는 전기야말로 행복한 세상을 만드는 데 꼭 필요하다. 예전에는 전기 안전에 대한 광고도 많이 했었지만 최근에는 새로운 기업 이미지를 위해 '전기 = 행복' 이라는 광고를 하는 것이다.

현대 문명을 지탱하는 것은 바로 에너지이다. 그중에서도 특히 전기 에너지를 필요로 한다. 전기에너지는 사용하기 편리해서 다른 에너지보다 많이 쓰인다. 간혹 정전이라도 되면 생활 자체가 어려울 만큼 전기 에너지에 대한 의존도가 높다. 이 때문에 다른 형태의 에너지를 발전소에서 전기에너지로 바꾸어 사용하는 것이다. 전기가 이렇게 필요한 상황이라면 굳이 전기가 우리를 행복하게 해 주는 것이라는 광고가 필요 없을 듯하다. 물론 전기 자체에는 문제가 없다. 전기는 빛뿐 아니라 열이나 동력 등으로 다양하게 전환되어 우리 생활을 편리하게 해 준다. 하지만 거대한 발전소에서 대량으로 전기를 공급하는 전기 시설에 대해 환경단체와 지역 주민들의 반발이 거세다. 전기 자체를 반대하는 것이 아니라 거대 발전소의 건설과 관련 시설을 반대하는 것이다.

일단 거대한 발전소를 건설하는 것은 항상 사람들의 반발에 부딪히게 마련이다. 화력발전소와 거대한 수력발전소, 원자력발전소 모두 환경주의자들의 반대로 건설이 어렵다. 하지만 한국전력공사에서는 기존의 설비를 이용하여 계속 사업을 하고 싶어하기 때문에 전력이 부족해지면 거대한 발전소 건설을 추진한다. 또한 발전소와 전기를 필요로 하는 도시나 공장이 가까이 있는 경우가 별로 없기 때문에 거대한 송전설비도 갖추어야 한다. 이 과정에서 송전선에서 나오는 전자파가 건강에 영향을 줄 수 있다면서 지역 주민의 반대가 거세다. 또한 환경단체들은 송전탑을 건설하는 과정에서 한국전력공사가 자연을 파괴한다며 제동을 걸기도 한다.

지금 상황에서 전기 에너지를 제외한 다른 대안은 없다. 환경단체의 이야기와 같이 재생에너지를 이용해서 전기를 생산해야 하는 것인지 한전의 주장대로 거대한 발전소를 계속 세워야 하는지가 문제일 뿐이다.

전기는 어떻게 만들어지는가?

　우리가 기기의 작동을 위해 필요한 전기 에너지를 얻을 수 있는 방법은 두 가지다. 전지를 이용하거나 플러그를 콘센트에 연결하는 방법이다. 전지는 전지 내부에 저장된 화학에너지를 전기에너지로 변환하여 직류 전기를 공급한다. 플러그를 통해서 공급되는 전기는 발전소에서 전자기 유도 현상을 이용해서 만들어진다. 열에너지나 역학적에너지가 전기에너지로 전환되어 전류가 공급되는 것이다.

　전지는 광고에서 소년이 오렌지에 금속을 꽂아서 전기를 얻는 방법과 동일한 원리로 전기를 만들어 낸다. 즉 소년은 오렌지를 반으로 잘라서 두 개의 금속 조각을 꽂은 후 전선과 꼬마전구를 연결한다. 이렇게 하면 각각의 금속 조각이 (+)극과 (−)극

의 역할을 하면서 전류가 흐른다. 현대 화학전지도 모양만 다를 뿐 원리는 모두 같다. 이러한 원리를 처음으로 알아낸 것은 이탈리아의 물리학자인 알렉산드로 볼타이다. 볼타에 의해 현대 화학전지의 원리가 알려지기는 했지만, 그가 처음으로 화학전지를 만든 것은 아니다. 이미 2,000년 전 바그다드에서 전지가 만들어진 것으로 보인다. 항아리 모양으로 이루어져 있고 '바그다드 전지' 라고 불린다. 현대의 전지와 구조는 비

숯하고 전해액을 넣으면 전류도 발생한다. 그렇다면 2,000년 전, 바그다드 사람들은 전지를 만들어서 어디에 사용한 것일까? 의학적인 용도로 사용했을 것이라는 추측도 되지만 어떻게 사용했다는 기록이 없기 때문에 정확한 것은 알 수 없다.

흔히 볼타 전지라고 하는 볼타 전퇴(Voltaic pile)는 금속을 소금물에 적신 종이 사이에 끼워 넣은 구조로 되어 있다. 그래서 여러 겹으로 쌓아 올렸다는 의미로 전퇴라고 부른다. 광고에서 소년이 만든 전지도 원리상 볼타 전지와 같다. 이온화 경향이 다른 두 개의 금속 사이에서 발생하는 산화 환원 반응을 이용한 것이다. 하지만 이렇게 만든 전지는 어떤 금속을 사용했는지에 의해 전압이 결정되는데, 아연과 구리를 사용했다면 약 0.9V 정도의 전압과 0.2mA 정도의 전류를 얻을 수 있다. 레몬을 이용하거나 오렌지를 이용하거나 별 차이가 없으며, 3개 정

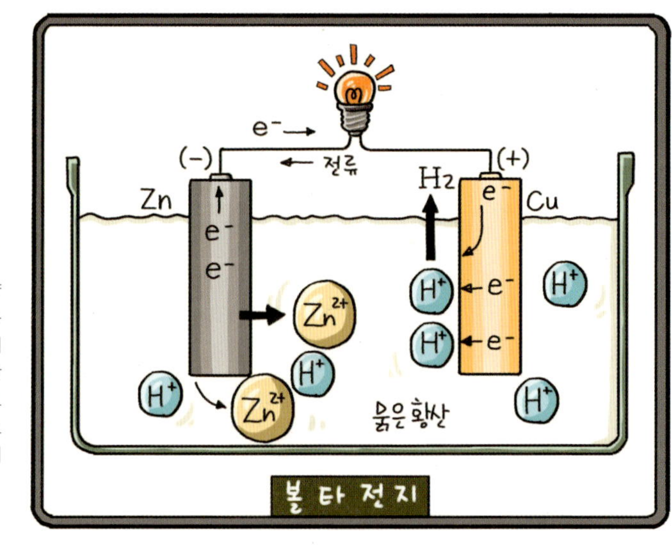

•• 볼타 전지의 원리: 이온화 경향 차이가 있는 두 금속을 전해질 용액 속에 담궈서 전선으로 연결하여 만든 1차 전지를 볼타전지라고 한다. (–)극의 아연은 전자를 내 놓고 Zn²⁺으로 되어 용액에 녹아 나오고, (+)극의 구리에서는 수소이온이 전자를 얻어 수소 기체가 된다.

도를 직렬로 연결했을 때 겨우 다이오드(diode: 전자현상을 이용하는 2단자 소자)를 켤 수 있을 정도가 된다. 따라서 광고처럼 개집을 밝힐 정도로 밝은 빛은 얻을 수 없다.

전지는 손전등과 같이 휴대용 기기에서 사용한다. 에디슨이 발전 사업에 손을 댔을 때만 해도 전구는 전지에 의해 밝혀졌기 때문에 널리 보급하기 어려웠다. 이에 에디슨은 직류 발전 사업을 시작했고, 경쟁자였던 웨스팅하우스는 크로아티아 출신의 천재 발명가 니콜라스 테슬라의 도움으로 교류 발전 사업에 성공하게 된다. 에디슨의 직류 발전 방식은 장거리 송전이 어려웠다. 그래서 발전소를 도시 가운데 세울 수밖에 없었다. 또한 조금 떨어진 지점까지 송전하기 위해서는 굵은 구리 도선을 사용하는 등의 문제점이 있었다. 이와 달리 테슬라의 교류는 변압기를 통해 멀리까지 간단하게 전력을 송전할 수 있는 장점이 있었다. 결국 이 경쟁에서 테슬라가 승리하게 됨으로써 오늘날의 교류 발전 방식이 채택된 것이다.

발전소에서는 전자기 유도 현상을 이용해서 전기를 얻어낸다. 전자기 유도 현상은 코일 근처의 자석이 움직이거나 자석 속에 있는 코일이 움직이게 되면 코일에 전류가 유도되는 현상을 말한다. 전자기 유도 현상을 이용한 기기들은 발전기 외에도 마이크라든지 전자 기타 등 일상생활에서 많이 볼 수 있다. 여하튼 발전소에서 전기를 만들기 위해서는 자석 속에 있는 코일을 회전시켜야 하는데, 코일을 회전시키는 방법에 따라 수력이나 화력, 원자력 등으로 구분하는 것이다. 수력

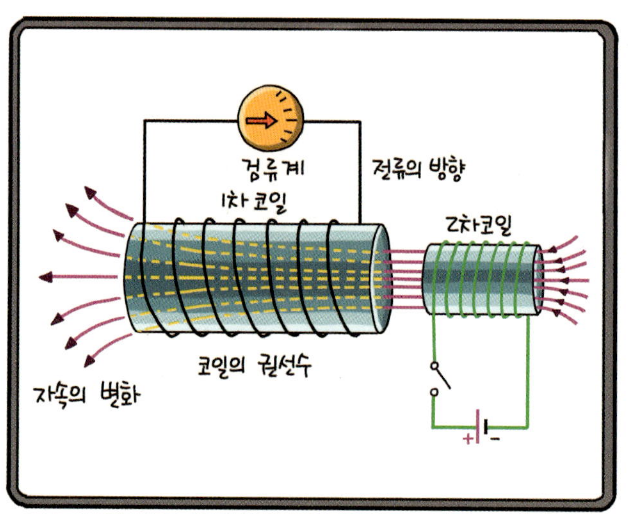

의 경우 댐 위에서 떨어지는 물의 위치에너지로 수차를 돌리고, 수차
에 연결된 코일이 회전하여 전기를 얻는다. 화력과 원자력의 경우에는
각각에서 발생하는 열에너지를 이용하여 보일러의 물을 끓이고 이 때
발생한 수증기로 터빈을 돌리면 터빈에 연결된 코일이 회전한다. 따라
서 화력발전과 원자력발전은 물을 끓이는 방법이 다를 뿐 열에너지를
전기에너지로 바꾸는 발전 원리는 같다.

전기를 안전하게 사용하기 위해서는

이사 간 사람이 새로 이사 오는 사람에게 메모를 남겨 두었다.
'커튼이 필요하시다기에 커튼을 놓고 가요.' 라고 이야기 하며, 한
달 전에 누전차단기를 새로 교체했다고 한다. 전기 안전은 이웃 나
눔의 행복이며, 가족 행복의 시작이라고 한다. 시골에 계신 시부모

최근의 전기 안전 캠페인은 과거의 직설적인 방법과 달리 한층 부
드럽게 시청자들에게 다가간다. 과거 전기 안전 광고들은 공사장에서
철근을 들고 가던 공사장 인부가 감전되거나 고압선에 걸린 연 때문에
아이가 감전되는 장면을 보여 주면서 주의를 당부했다. 이러한 광고가
필요한 것은 전기는 편리한 것이기도 하지만 자칫 엄청난 화를 불러올
수도 있기 때문이다.

일반적으로 건조한 인체의 피부는 전기에 대해 부도체로 볼 수 있
을 정도인 10,000~1,000,000Ω(이 수치는 피부의 상태와 피부 사이의 거리
에 따라 달라진다.) 정도의 저항을 가진다. 이 정도의 저항에서는 건전
지나 차량용 배터리에 의해 피해를 입을 정도는 아니다. 하지만 피부
에 물이 묻거나 땀에 젖게 되면 저항이 크게 떨어져 1,000Ω 정도가 된
다. 이렇게 되면 고압선이 아니라 차량용 배터리에 의해서도 큰 피해
를 입을 수 있게 된다.

감전에 의한 피해는 전압이 아니라 전류가 얼마나 흘렀는가가 관
건이다. 보통 인체에 해를 끼치지 않고 흐를 수 있는 전류는 5mA 정도
이다. 사람의 피부가 1,000Ω이 되면 12V인 차량용 배터리에 의해서도

120mA의 전류가 흐르기 때문에 큰 피해를 입을 수 있는 것이다.

　　문어발식으로 코드를 연결하려던 두 학생이 지킬 것은 지킨다며 코드를 정리해서 연결한다. 사실 한 멀티탭에 많은 전기 기구를 연결하거나 다른 콘센트에 연결하거나 어차피 사용하는 전체에서 사용하는 전력량에는 변함이 없다. 가정에 연결되는 전기기구들은 어차피 전체 회로에 병렬로 연결되기 때문이다. 병렬 회로에서 전기 기구를 사용하면 할수록 전체 저항 값은 줄어들기 때문에 전류는 점점 많이 흐르게 된다. 전류가 많이 흐르게 되면 전선에 열이 발생하여 화재가 일어날 수 있다. 하지만 대부분의 경우 화재가 나기 전에 누전 차단기가 작동되기 때문에 많은 전기 기구를 연결한다고 해서 화재가 나는 경우는 그리 많지 않다.

　　전기와 관련한 안전 문제 가운데 사회적으로 자주 거론되는 것은 고압선과 관련된 전자파의 유해성일 것이다. 변전소나 송전탑이 들어설 경우 환경 단체와 인근 주민의 반대가 거세다. 2003년에는 경남의 김포 변전소. 2005년 경기도 광주의 곤지암 변전소 사업이 주민들의 반대로 한동안 지연되었다. 곤지암 변전소의 경우 국민 고충처리위원회는 주민들의 요구를 수용하기 힘들다는 의견을 제시했으나 결국 한전은 지역지원 사업비 5억 원을 지원하고 '1사1촌 자매결연' 을 맺는 등 주민들과 전격적으로 합의를 통해 공사를 진행할 수 있었다. 이와 같이 변전소나 송전탑 관련 소송 소식은 어렵지 않게 접할 수 있다.

　　주민들이 건설을 반대하는 이유는 전자파가 인체에 유해하다는 믿음에 의한 것이다. 전자파가 백혈병이나 뇌종양과 같은 질병을 유발한다는 것이다. 고압선로 주변 마을의 소아암 발병률이 2~3배 높다는 연구 결과가 있으나, 전자파의 증가와 발병률 사이에 뚜렷한 상관관계가 밝혀진 것은 아니다. 이 때문에 고압선로 주변은 항상 분쟁의 불씨를 가지고 있을 수밖에 없다.

가장 좋은 것은 더 이상의 고압선로나 변전소를 건설하지 않는 것이지만 해마다 전력 수요가 증가하고 있기 때문에 증가량에 따라 변전소를 추가 건설해야 한다. 송전 설비가 부족하면 국가 경제에 막대한 손실을 가져올 수 있다. 2003년 8월 14일, 미국 동북부 지역에서 발생한 "암흑의 목요일(black Thursday) 사태"로 무려 5천만 명이나 되는 시민들이 6시간 동안 단전 피해를 입었다. 이처럼 변전소 건설이 지연되면 주변의 다른 변전소에 과부하가 걸리게 되고 결국 인근지역에 연쇄적인 피해를 줄 수 있다. 그러나 변전소나 송전탑 건설로 인근 주민들의 피해가 발생하거나 자연 환경이 파괴되는 일은 없어야 할 것이다. 만약 이를 피할 수 없다면 주민과 합의하고 충분한 보상을 해야 하며, 추가 비용이 발생하더라도 최대한 환경을 보존해야 한다.

내일을 만드는 신재생에너지

"나는 내일을 기대합니다. 내일 떠오를 태양과 내일 불어올 바람을 나는 약속합니다. 에너지 수입 없는 내일과 환경오염 없는 내

신재생에너지는 화석에너지와 원자력에 대한 대체재로 과거에는
대체에너지라는 용어가 주로 사용되었다. 유럽은 과거 대체에너지를
'신재생에너지'로 명명하였으나 최근에는 '재생에너지'라는 명칭으
로 통일하여 사용하고 있다. 우리나라의 경우 2004년 12월부터 신재생
에너지라는 용어를 사용하는데 이 말은 '신에너지'와 '재생에너지'를
함께 지칭한다. 신재생에너지를 통한 발전 방식도 발전기를 돌려 발전
을 하기는 마찬가지이다(태양 전지는 제외). 화석연료와 원자력을 신재
생에너지로 대체하려는 두 가지 방식 모두 환경문제를 유발하기 때문
이다. 즉, 화석연료는 이산화탄소를 방출하고, 원자력의 경우 방사능
누출이 문제가 되는 것이다.

신재생에너지를 이용한 시설 중 가장 흔하게 접할 수 있는 것이 아
마 태양 전지(solar cell)를 이용한 태양광발전이다. 태양광발전이라는
말을 들어 보지 못했더라도 태양 전지는 그리 낯설지 않을 것이다. 태
양 전지는 전자계산기나 전자시계에 부착되어 이미 실생활에서 흔히
볼 수 있기 때문이다. 광전지를 만드는 데에는 반도체가 사용되는데
이는 광전효과에 의해 원자에서 뛰쳐나간 전자와 양전하 사이에 전기

적인 인력이 작용해 다시 원래대로 돌아가는 것을 막아 준다. 즉, 전자가 한쪽 방향으로 튀어나가고 다시 돌아오지 못하게 해야 전류가 흐를 수 있기 때문에 반도체를 사용하는 것이다.

최근의 태양광발전을 하는 주택의 등장은 이러한 태양 전지를 대량으로 부착해 건물에서 사용할 만큼의 전기에너지를 보급한다. 태양 전지는 햇빛을 받으면 전자가 튀어나오는 광전효과를 이용한 것으로 빛을 받으면 바로 기전력(electromotive force, 전자기학에서 전기장이 생기게 하는 힘)이 생겨 전기가 만들어진다. 따라서 발전기는 필요 없지만 태양이 없는 밤에 활용하기 위해서는 축전기가 필요하다. 태양광발전은 초기 설치비용이 비싸고, 태양 전지판을 많이 설치해야 충분한 양의 전기를 얻을 수 있기 때문에 넓은 공간이 필요하다는 단점이

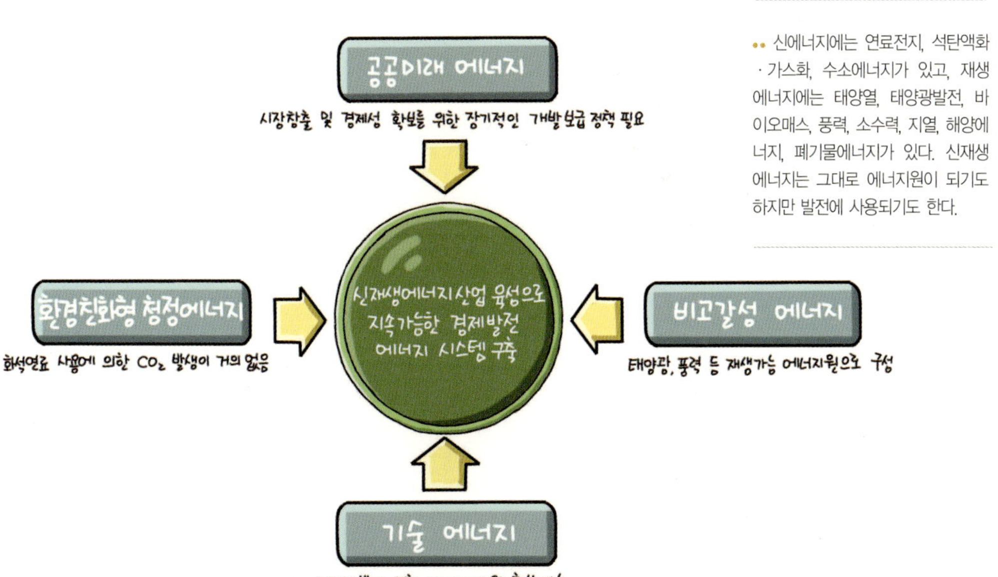

•• 신에너지에는 연료전지, 석탄액화·가스화, 수소에너지가 있고, 재생에너지에는 태양열, 태양광발전, 바이오매스, 풍력, 소수력, 지열, 해양에너지, 폐기물에너지가 있다. 신재생에너지는 그대로 에너지원이 되기도 하지만 발전에 사용되기도 한다.

있다. 하지만 낙도나 해상 연구소와 같이 발전소에서 직접 송전이 어려운 곳에서는 독립형 발전으로 사용하기에 적당하다. 또, 거의 공해가 발생하지 않는 청정 에너지원이며, 한번 설치하면 추가 비용도 적게 든다는 장점이 있다.

폐기물에너지가 2019년 법이 개정되면서 통계에서 제외되었지만 우리나라에서는 여전히 신재생에너지 중 큰 비중을 차지하고 있다. 폐기물에너지는 모든 쓰레기를 그대로 소각로에서 소각하여 그 열을 이용하는 방법으로 에너지를 얻기도 하지만 가연성 쓰레기만 골라서 고체 연료로 만들어 사용하기도 한다. 이 연료는 폐기물가공연료(RDF: Refuse Derived Fuel)라고 불린다. 발열량이 커서 석탄 대용의 에너지원으로 사용할 수 있을 뿐만 아니라 플라스틱과 같은 폐기물을 깨끗하게 처리할 수 있다는 장점이 있다. 다른 신재생에너지에 비해 경제성이 높아 그동안 많이 보급되어 활용되기도 했다.

풍력발전의 딜레마

신재생에너지 광고에서도 알 수 있듯이 푸른 초원에서 돌아가고 있는 풍력발전기는 청정함의 상징인 듯이 보인다. 풍력발전은 바람의 역학적 에너지를 이용하기 때문에 화석연료를 사용할 때와 같은 대기 오염이 발생하지 않아 대표적인 청정에너지라고 보는 듯하다. 또한 어릴 때 가지고 놀던 바람개비가 가지고 있는 이미지도 풍력발전기를 편안하게 느끼게 만드는지도 모른다. 하지만 이러한 이미지와 달리 풍력발전단지를 건설하는 것은 그리 쉬운 일만은 아니다. 지역 주민과 환경단체의 반발이 거세기 때문이다.

우선 풍력발전을 위해서는 평균 초속 4m 이상의 충분한 바람이 부는 지역이라야 발전이 가능하다. 우리나라의 경우 연간 평균풍속이 초속 4m가 되지 않기 때문에 대규모 풍력발전이 어렵다. 하지만 바닷가나 섬, 산간지역의 경우는 풍속이 높아 충분히 풍력발전이 가능하다. 현재 바람이 많이 부는 영덕, 대관령, 태백, 제주 행원, 애월 등에 풍력발전단지를 운영하고 있으며, 제주도 성읍면 난산리와 수산리, 전남 신안군, 강원 왕산면 등에는 풍력단지를 건설 중이다. 풍력발전의 경우에도 바람이 항상 일정하게 부는 것이 아니기 때문에 이에 대한 대

•• 환경주의자들은 일반적으로 태양 에너지 기술을 선호하는데 태양 에너지는 고갈되지 않는 연료이고 대기오염 물질을 배출하지 않는다는 점 때문이다. 그러나 이러한 기술도 환경적인 면에서 결점이 있다. 예를 들면 엄청난 면적의 토지가 필요하고, 건설과 가동에 많은 비용이 들며, 제조할 때 오염을 일으키는 물질을 사용해야 한다는 점이다. ─『환경위기의 진실』

비가 있어야 한다. 하지만 무엇보다 풍력발전의 걸림돌로 작용하는 것은 환경문제를 일으킨다는 것이다.

제주도 성읍면 난산리에는 2006년 6월에 풍력발전단지를 조성할 계획이지만 지역주민과 환경단체의 반발로 사업이 지연되었고 결국 법적 공방으로 이어져 1심에서 사업허가 취소 결정이 내려졌다. 주민들과 일부 환경단체에서는 풍력발전단지로 인해 자연경관이 훼손되고, 날개에서 반사되는 빛으로 인해 인근 가축이 놀라는 등 문제가 있다고 주장한다. 또한 발전시설에서 발생하는 전자파에 의해 피해를 입을 것이라고 우려했다. 하지만 사업자 측에서는 이러한 주장이 터무니없다고 반박하고 있는 실정이다.

이와 같은 문제를 두고 환경단체 내부에서도 주장이 서로 엇갈린다. 물론 풍력발전에 의해 일부 소음이나 동물의 피해가 발생할 수 있으나 그리 우려할 수준은 아니다. 그러나 이러한 반발로 인해 육지에서 풍력단지를 건설하는 것은 점점 어려워지고 있다. 이 때문에 해양풍력단지의 건설이 추진되고 있는 것이다. 바다가 육지보다 바람이 강하게 분다는 것도 장점이다. 2021년 정부에서는 전남 신안 앞바다에 48조 5000천억 원을 투입해 2030년까지 1000여기의 풍력 발전기를 건설하겠다고 발표했다. 사실 이를 두고도 환경과 실용적인 측면에서 비난하는 목소리가 작지 않다.

신재생 에너지로 모두 바꿔!

　　우리는 1970년대 석유파동을 겪으면서 에너지 다변화 정책을 추진하게 된다. 또한 1990년대에는 기후협약에 따른 이산화탄소 배출 억제 정책에 발맞추기 위해서도 신재생에너지에 대한 연구는 꼭 필요하다. 신재생에너지가 화석에너지나 원자력에너지보다 환경 친화적이고 미래지향적인 에너지라면 왜 정부에서는 신재생에너지에 전폭 연구 지원을 하여 널리 보급하는 정책을 펼치지 않는 것일까?

　　신재생에너지가 널리 보급되지 못하는 가장 근본적인 이유는 가격이다. 신재생에너지의 발전 원가가 비싸기 때문에 보급률이 저조한 것이다. 따라서 정상적인 시장 경제 체제에서는 신재생에너지는 살아남기 어렵다. 지금까지 신재생에너지는 정부가 보조금을 지급하거나 친환경적인 소비자가 가격이 다소 높더라도 이를 감수하고 사용하는 방법을 통해 보급되었다. 환경 친화적인 소비자가 다소 가격이 높거나 사용에 불편함이 있더라도 이를 감수하고 사용하는 것을 녹색가격 제도(Green Pricing)라고 하며, 미국이나 독일 등 일부 국가에서 이미 시행 중이다.

　　우리나라는 정부에서 보조금을 지급해 주는 방식을 택하고 있다. 하지만 이 방법은 자칫 국민의 혈세를 관련 업체들에게 고스란히 갖다 받치는 꼴이 될 수도 있다. 한 국회의원은 국정감사에서 "한국에서 신재생에너지 사업은 리스크가 거의 없는 '땅 짚고 헤엄치기' 사업"이라며 정부의 목표 달성에 급급한 사업 진행을 지적하기도 했다. 하지만 다른 의원의 경우 우리나라 신재생에너지의 기술 수준은 선진국에 대비하여 65%에 불과하며, 일부 기술은 선진국에 비하여 매우 취약하기에 투자를 확대해야 한다는 주장에서 알 수 있듯이 앞으로 신재생에너지 분야에 꾸준히 투자할 필요가 있다.

'대체에너지개발촉진법' 이후 1988년부터 2002년까지 신재생에너지 분야에 총 5,333억 원이 투자되었다. 정부에서 2003년, 입법 예고한 「대체에너지 개발 및 이용·보급촉진법시행령중개정령」에 따르면 재생가능에너지가 1차 에너지에서 차지하는 비중을 2006년 3%, 2011년 5%로 높이는 정책 목표를 설정하여 앞으로 신재생에너지는 더 확대·공급될 전망이다. 하지만 우리나라의 경우 신재생에너지가 차지하는 비중은 선진국에 비해 낮은 편이며 그나마 폐기물에너지가 전체 신재생에너지 공급의 대부분(74.8%, 2004년 기준)을 차지한다. 태양열, 풍력 등 진정한 의미에서 신재생에너지의 보급은 극히 미미한 실정이다. 이 문제는 정부에서 긴 안목을 가지고 에너지 정책을 추진하는 것이 아니라 환경단체의 압력에 못이겨 숫자 맞추기에 급급하다는 것을 보여 준다.

물론 정부만 탓할 수 없는 것이 신재생에너지 보급 문제는 환경문제만이 아니라 예산문제도 따른다. 신재생에너지의 경우 투자비용에 비해서 당장 얻는 이득이 크지 않기 때문에 무리하게 추진하기 어렵다. 하지만 환경과 에너지원의 다양화라는 두 마리의 토끼를 모두 잡기 위해서는 긴 안목을 갖고 꾸준히 투자를 늘려야 한다. 지금과 같이 에너지 수입의존도가 절대적인 상황에서는 외국의 물가 변동에 국내 경제가 크게 흔들리게 된다. 따라서 환경문제뿐 아니라 에너지 주권 수호 차원에서도 신재생에너지의 확대에 박차를 가해야 하는 충분한 이유가 있다.

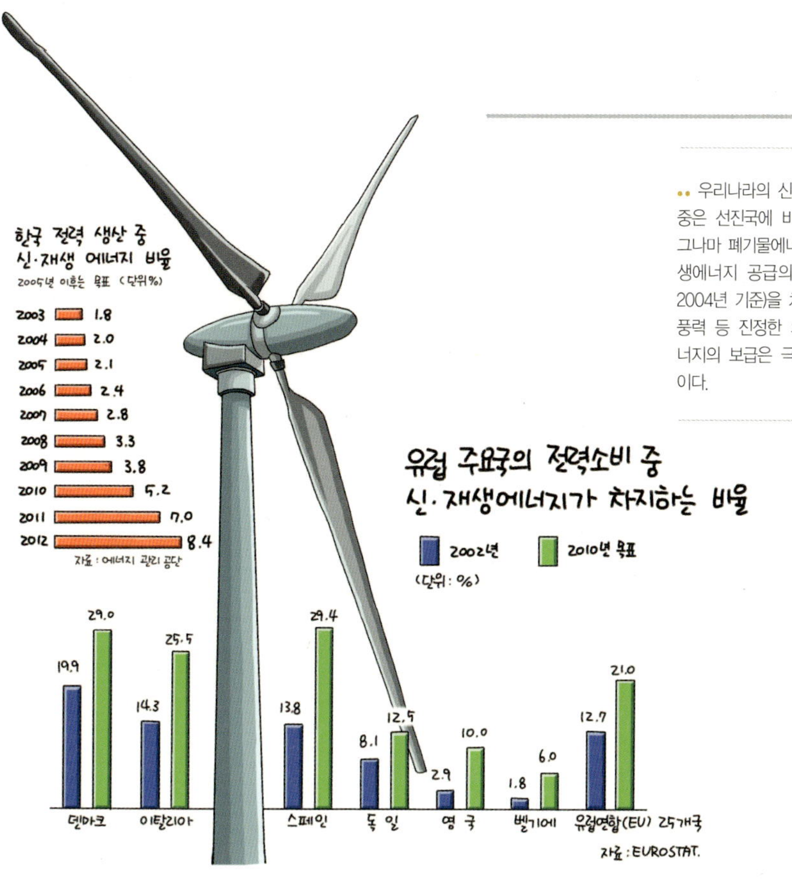

지금처럼 전기요금이 싸다면(여기에 동의하지 않는 사람도 있겠지만) 늘어나는 전기 수요를 막기 어려울 수도 있다. 사실 우리나라의 1인당 전력 수요는 꾸준히 증가하고 있어 발전소와 함께 전력 설비를 확충해야 한다. 정부는 2031년까지 26조 4479억 원의 예산을 투입해 전력 설비를 확충할 계획이다. 이와 같이 막대한 예산의 일부를 지방 분산형의 신재생에너지를 도입한다면 송전 선로 공사비를 줄일 수도 있을 것이다. 신재생에너지 도입에 따라 전기요금이 다소 상승하더라도 이를 받아들일 수 있는 국민 의식이 뒤따라야 더욱 빨리 보급할 수 있다.

빛으로 이어지는
전자파 세상

4
중지하라!
중지하라!
고압선이 주인 다 죽인다!
5
우리 난로에 몸 좀 녹이고 다시 하지!
예, 그러지요!
전기난로 있지?
예!
6
아, 따뜻하다.
근데 이거는 전자파 없지?

"이 땅이 끝나는 곳에서 뭉게구름이 되어~"라는 노래와 함께 푸른 하늘과 사랑에 빠지기 위해서, 마치 과일 빙수를 떠올릴 만큼 깨끗한 눈이 내리게 하기 위해서, 빗물에 녹색 사과를 씻어 먹기 위해서도 마찬가지로 온실가스 없는 푸른 하늘이 필요하다. 원자력발전 덕분에 우리가 만든 맑은 하늘에서 맑은 비가 내린다. 이렇게 온실가스가 없는 푸른 하늘을 만들기 위해서 꼭 필요한 것이 바로 원자력발전소이다. 이 때문에 (주)한국 수력원자력은 환경을 생각하는 에너지 기업인 것이다.

>> 푸른 하늘 푸른 에너지 원자력 <<

원전수거물관리센터가 있는 스웨덴 포스마크. 환경을 사랑하는 스웨덴 포스마크 주민들은 원전수거물관리센터를 유치한지 17년 동안 그들 스스로의 선택에 대한 자부심은 변함이 없다고 한다. 자연과 사람 모두를 위한 선택인 원전수거물관리센터를 유치하기 위해 모두 함께 토론해야 한다고 한다.

푸른 하늘 푸른 에너지 원자력

　　광고에서 숲속에 건설된 원자력발전소를 보면 원자력이 정말 환경 친화적인 에너지라는 생각이 든다. 푸른 하늘과 흰 구름, 깨끗한 비가 내리게 만들기 위해서 원자력발전소를 건설해야 한다고 주장한다. 하지만 한편에서는 원자력발전소를 마치 원자력 폭탄 제조 기지라도 되는 듯 취급하면서 절대로 허용할 수 없다고 주장한다.

　　원자력발전과 관련된 문제는 합리적인 해결 방안을 찾기보다는 정부와 국민 간의 감정대립으로 끝나는 경우가 많다. 20여 년을 끌어온 원전수거물관리센터 부지 선정 문제로 온 나라가 떠들썩했고, 그 과정에서 부안군과 같이 이 문제와 직접 관련된 마을은 주민들 간의 반목으로 엉망이 되었다. 정부에서는 원자력에 대해 갈등의 골이 깊어지자

원자력문화센터를 통해 국민들이 가지고 있는 원자력에 대한 이미지를 바꿔 보려고 무던히 노력하고 있다. 또한 최근에는 과거와 같이 정부주도의 사업 결정이 한계에 있다는 것을 깨닫고 주민이 참여하는 형태로 일을 진행하고 있다. 그러나 아직도 정부에 대한 불신이 뿌리 깊어 원자력 관련 사업에 제동이 걸리는 경우가 많다.

문재인 정부의 '탈원전 정책'에 대해서도 관련 업계와 정치권에서 서로 다른 목소리를 낸다. 이러한 현 상황에서 우리는 무엇보다 원자력에 대한 올바른 지식으로 모든 의사 결정을 합리적으로 내릴 필요가 있다. 하지만 지금까지 원자력에 대한 환경단체들과 일부 국민들의 반응은 다분히 감정적인 면이 강했다고 할 수 있다.

원전수거물관리센터 유치에 반대하는 모임에는 아빠 손을 잡고 나온 어린 아이가 촛불을 들고 '원자력발전 반대'를 외치지만 그 아이가 과연 원자력이 뭔지는 알고 반대하는 것일까? 그리고 이러한 사진을 제시하는 언론의 의도는 무엇인가? 국민과 지역주민들 모두를 위해 합리적인 의사 결정이 필요하다. 이를 위해 우리는 원자력에 대해 제대로 알아야 한다.

「투모로우」를 보라

원자력 관련 광고에서는 항상 화력발전의 취약점인 온실가스를 집중 부각시킨다. 원자력발전은 온실가스를 거의 배출하지 않는다는 장점을 가지고 있기 때문이다. 원자력발전소 추가 건설이 정당성을 가지기 위해서는 화력발전을 대체할 만큼 온실가스 감축에 확실한 효과가 있다는 것을 강력하게 주장할 필요가 있는 것이다. 하지만 화력발전의 가장 큰 문제점인 온실가스가 그렇게 크게 우려할 정도가 아니라면 원자력발전소를 추가로 건설해야 한다는 주장은 설득력을 잃게 된다. 따라서 온실가스에 의한 온실효과가 어느 정도 심각한지 곰곰이 따져 볼 필요가 있다.

「투모로우」는 온실효과가 인류에게 얼마나 큰 재앙을 불러 올 수 있는지를 확실하게 보여준 영화이다. 영화 속의 주장과 같이 우린 기상이변이 일어나면 어김없이 이산화탄소로 인한 온실효과가 원인이라는 상식(?)을 가지고 있다. '겨울철 이상 고온현상', '3월의 폭설', '4월 무더위' 등의 수식어는 차라리 얌전한 편이다. 이것으로 부족하면 '100년 만의 무더위', '기상 관측 사상 최대' 등의 말도 서슴없이 한다. 또한 이러한 날씨를 너도나도 기상이변이라고 말한다. 그리고 이러한 기상이변들의 근원에는 온실가스로 인한 지구 온난화 현상이 그 원인이라는 것은 상식 아닌 상식이 되어 버린 지 오래이다. 사람들은 이렇게 많은 기상이변이 일어나는 것은 요즘의 기후가 과거와 많이 달라졌기 때문이라고 생각한다.

하지만 과학자들의 조사에 의하면 사람들

•• 영화 「투모로우」의 한 장면.

의 생각과는 달리 아직까지는 과거와 비교해 기후가 변했다는 어떠한 확정적인 증거도 발견할 수 없었다고 한다. 100년 만의 무더위라고 하는 것이(물론 그렇게 기록적인 무더위인지 의심스럽지만) 100년마다 찾아오는 주기적인 현상인지 온실가스에 의해 생긴 현상인지 아무도 모른다. 기후에 대해 우리가 가지고 있는 자료와 지식이 너무나 얕아서 자연적인 현상인지 인간의 활동에 의해 나타나는 현상인지 지금으로서는 알 수 없다. 지난 100년 동안 기온이 0.6℃가 높아졌다는 것은 사실이다. 하지만 산업 활동에 의해 배출된 이산화탄소의 영향으로 기상이변이 일어나고 있다는 것은 추정일 뿐이다. 기상이변은 과거에도 있었고, 미래에도 있을 것이다. 하지만, 기상이변이 생겼다고 해서 이것이 바로 기후 변화를 의미하는 것은 아니다.

지금까지 온실가스는 인간이나 생물들에게 큰 피해를 입힌 것이 아니라 지구에 생물이 살 수 있도록 해준 고마운 기체였다. 온실가스가 없었다면 지구는 평균 기온이 영하 15℃로 떨어져 생물이 살기 어려운 행성이 되었을 것이다. 특히 대기 중의 이산화탄소는 식물이 광합성하는데 꼭 필요한 중요한 기체이다. 이산화탄소의 농도가 증가하고 온도가 상승하면 식물의 성장이 촉진된다. 많은 연구에 따르면 1980년대 이후 곡물 생산량의 증가와 나무의 생장 속도가 빨라진 것은 이산화탄소에 의한 것일 가능성이 많다고 한다. 이산화탄소가 무조건 인류의 적은 아닌 것이다. 정말 온실효과를 걱정한다면 이산화탄소보다는 메탄 방출을 억제할 방법을 모색해야 한다. 메탄은 이산화탄소보다 23배나 강력한 온실가스이지만 그 양이 적다고(?) 주적(主敵)에서는 제외되는 경우가 많다. 하지만 대규모 목축과 흰개미에 의해서 방출되는 온실효과는 무시할 수준이 아니다. 또한 어떤 이는 아마존의 밀림에서 배출되는 메탄이 온실효과를 일으키기 때문에 오히려 밀림을 훼손하는 것이 좋을지도 모른다는 이야기를 한다.

2100년쯤에는 지구온난화로 해수면이 적게는 50cm 정도에서 크게는 2~3m까지 상승할 것이라는 다양한 시나리오가 존재한다. 하지만 일부에서 겁을 주고 있는 것과 같이 해수면이 100m나 상승할 가능성은 거의 없다. 복잡한 기후 메커니즘은 지금으로서는 모든 것이 가설 수준을 넘어서기 어렵다. 흔히 기온이 상승해서 극지방의 빙하가 녹는다고 하지만 사실 기온이 상승해 강수량이 증가하면 빙하가 늘어난다. 여하튼 현재로서는 온실가스로 인한 지구온난화와 그에 따른 기상이변은 단지 하나의 가설일 뿐이다.

마지막으로 지구의 기후를 예측한다는 것이 얼마나 어려운가를 보여 주는 글로벌 디밍(Global diming) 현상이 있다. 글로벌 디밍은 지구가 점점 어두워지는 현상으로 햇빛이 지구의 대기에서 우주로 더 많이 반사되면서 지표면에 도달하는 빛의 양이 줄어든 것을 말한다. 화석연료가 연소하면서 발생하는 오염물질이 그 원인인데, 이 오염물질에 수증기가 붙어서 빛을 더 잘 산란시켜 결국 지구가 더워지는 것을 막았다는 것이다. 화석연료를 연소시키면 이산화탄소가 발생해 지구를 온난화시키지만 그 밖의 오염물질은 오히려 지구의 온도를 내리는 역할을 하는 것이다. 일부 학자들은 많은 기상이변이 글로벌 디밍 현상에 의한 것이라고 주장한다. 글로벌 디밍이 공해에 의해 새롭게 나타난 현상은

아니다. 과거에도 화산 폭발과 같이 많은 가스나 재가 일시에 대기로 방출되면 지구의 평균기온이 내려가곤 했었다.

그렇다면 온실가스에 의해 지구 온난화가 발생하지 않으면 전혀 걱정할 필요가 없을까? 그렇지 않다. 온실가스가 기후 변화를 일으킬 가능성은 높다. 다만 기후가 어떤 식으로 변해 어떤 문제를 일으킬지 예상하기 어렵다는 것이다. 기후는 매우 복잡하고 오묘하여 기후 변화를 예측하기는 쉽지 않다. 지구 온난화와 관련된 모든 문제는 언론이 사실과 예측을 혼동하여 정보를 전달하는 데서 일어난다. 지난 100년 동안 0.6℃의 기온이 상승했다는 것과 그 기간 동안 이산화탄소의 농도가 30% 증가했다는 것은 사실이다. 이것을 제외한 나머지 이야기들은 모두 예측일 뿐이다.

『쥬라기 공원』, 『콩고』등으로 세계적으로 유명한 베스트셀러 작가인 마이클 크라이튼(Michael Crichton)은 2004년, 『공포의 나라(State of Fear)』를 발표한다. 이 소설은 지구온난화가 환경단체들에 의해 과장되었다는 주장을 설득력 있게 그려 많은 논란을 불러 일으켰다. 분명 지구온난화는 진행 중이며, 인간이 지구를 오염시키고 있다는 것도 사실이다. 하지만 지구를 살려야 한다는 거대한 이데올로기에 사로잡힌 것은 아닐까.

원자력은 세상을 맑게 한다

　　온실효과에 대한 사람들의 과도한 두려움은 원자력발전의 정당성
에 힘을 실어주게 되었다. 『가이아』라는 책으로 유명한 영국의 생물학
자 제임스 러브록 박사 또한 온실가스 배출 억제를 위해 핵에너지를
사용해야 한다고 주장한다. 이처럼 환경운동단체 중 일부는 핵에너지
이용을 찬성하는 쪽으로 방향을 선회한 경우도 있다. 이는 환경운동가
들이 처한 딜레마를 잘 보여 준다. 즉 온실효과를 억제하기 위해서는

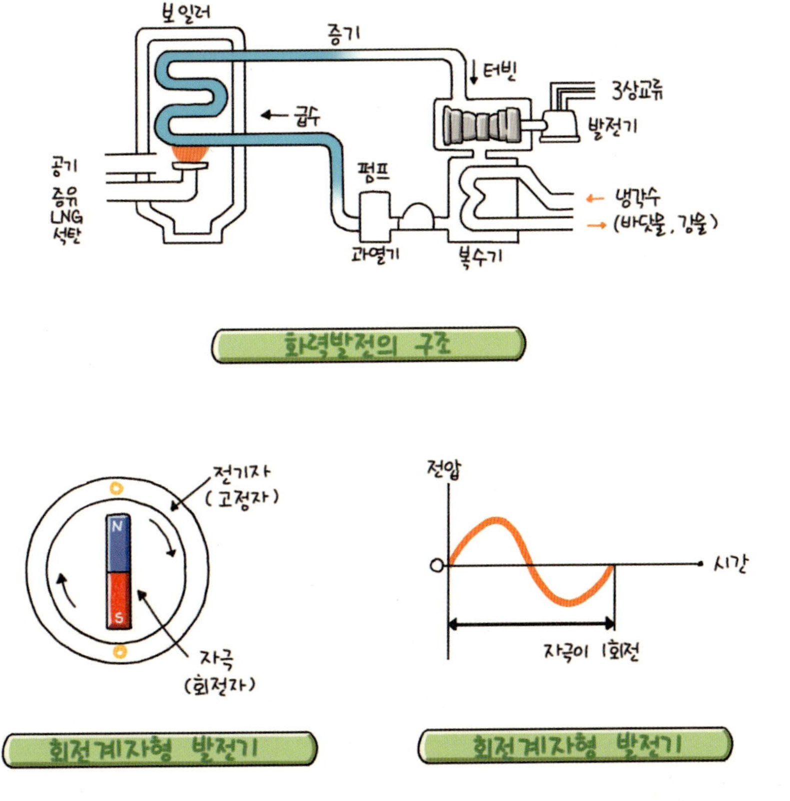

화력발전의 구조

회전계자형 발전기

회전계자형 발전기

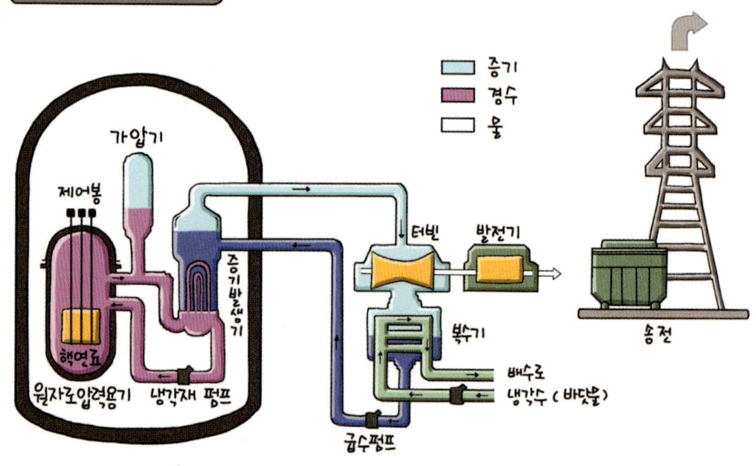

원자력발전이 필요하지만 그렇다고 원자력발전을 찬성할 수는 없다고 생각하기 때문이다.

원자력발전 시스템은 화력발전 시스템에 비해 약 1만 배 정도 이산화탄소 배출량이 적다. 또한 환경에 미치는 일반적인 요인을 모두 고려하더라도 원자력발전 시스템이 화력발전 시스템보다 약 90배 정도 환경에 영향을 덜 준다. 100만 kW 용량의 화력발전소는 1년에 200만 톤의 석탄을 연소해 32만 톤의 재를 발생시킨다. 또한 1년에 650만 톤의 이산화탄소, 2만 2천 톤의 질소 산화물(NO_x), 4만 4천 톤의 유화물(SO_x) 등이 배출된다. 또한 방사능 영향을 포함한 위험성에 대한 환경영향평가 결과 원자력발전 시스템이 화력발전보다 약 40배 정도 환경적 우위를 나타냄을 알 수 있었다. 이와 같이 환경영향평가를 하면 원자력이 화력발전보다 환경 친화적이다. 따라서 원자력을 반대하는 논리가 방사능 누출과 같은 환경적인 이유라면 원자력발전을 반대하기는 어렵다.

하지만 많은 국민들이 원자력발전소의 안전성에 대해서는 불안감을 떨치지 못한다. 과학적 연구 조사와 달리 국민들은 화학공장, 석유나 가스시설 등의 타 산업시설에 비해 원전이 더 위험하다고 생각하는 비율이 국민의 49.0%와 원자력발전소 주변지역 주민의 60.8%에 달하여 더 높게 나타나는 것으로 잘 알 수 있다. 현재 원자력발전소 정보 공개 정도에 대해 국민의 12.7%와 원자력발전소 주변지역 주민의 30.8%만이 '공개되고 있다' 고 응답해 정보 공개 정도에 대해 낮게 평가하고 있다.

사실 우리가 원자력발전을 굳이 추진한 이유는 널리(?) 알려진 것과 같이 우리 정부가 원자 폭탄에 대한 욕심이 있었기 때문이다. 한 조사에 따르면 이는 정부뿐 아니라 국민들도 바라는 바다. 조사에서 국민들 가운데 한국의 핵무기 보유에 대해서 절대적으로 반대하는 사람들은 17.7%에 지나지 않는다. 또 한 가지 이유는 에너지원 다양화 정책에 따른 것이다. 석유 파동을 겪고 난 후 석유에 대한 의존도가 너무 높을 경우 국가 경제에 위기가 닥쳐 올 수 있다고 판단하여 원자력을 도입한 것이다. 따라서 석유 가격이 상승할수록 원자력발전은 더욱 정당성을 가지게 되는 것이다.

태양력이나 풍력은 분산형 발전방식으로 국토가 협소하고 인구 밀도가 매우 높은 우리나라에서는 극히 제한적일 수밖에 없다. 현재 국내 전력 수요의 대부분은 제조업(50%)과 서비스업(30%)에 치중되고 있는데 이들은 모두 밀집된 공업 지역과 대도시로서 중앙 집중형 발전방식이 가장 효율적이기 때문이다. 또한 풍력, 태양력은 설비 이용률이 극히 낮아(10~20%) 불필요한 과잉 출력 설비에 따른 고정비의 증가로 발전 원가의 압력 요인으로 작용하게 된다.

네모난 병원에서는 어떤 병을 고칠까?

녹색 들판에서 아이들이 녹색 네모를 그리며 그것이 네모난 병
원이라고 말한다. 이곳은 중저준위 발전소 수거물을 저장하는 것
이 아니라 자연 상태로 돌려보내기 위한 시설이라고 한다. 따라서
원전수거물 관리센터는 우리 모두를 위한 네모난 병원이라는 것
이다.

산업자원부와 (주)한국수력원자력은 2003년부터 원전수거물관리
센터에 대한 TV광고를 통해 주민들을 설득하기에 열을 올리기 시작했
다. 원전수거물관리센터를 유치하면 학교, 도서관, 병원, 문화센터와
도로를 건설해 준다고 약속했다. 또한 지역발전기금 3천억 원과 양성
자가속기 사업 유치 등 엄청난 지원을 약속했다. 이와 같은 지원을 바
탕으로 원전수거물관리센터를 유치하는 것은 곧 기적을 만드는 기회
라고 주장했던 것이다.

또한 외국의 사례도 보여 준다. 원전수거물관리센터가 있는 스웨덴
의 포스마크의 바다에서 낚시를 하며 즐거워하는 아이들 모습을 보며
노인은 센터 유치를 17년 동안 자랑스럽게 생각해 왔다고 한다. 프랑스
와 일본의 경우에도 마찬가지로 평화롭게 운전되고 있다는 것을 보여
준다. 실제로 스웨덴의 핵폐기장은 기본적으로 국민의 신뢰라는 토양
에서 세워졌다. 이들은 단순히 어디에 건설할 것인가가 아니라 어떻
게 건설하면 정말 완벽하게 핵폐기물을 관리할 것인가에 초점을 두고

움직였다. 1988년 완공된 포스마크 핵폐기장은 안정성에서 세계 어느 나라와도 비교되지 않을 만큼 엄격한 기준을 적용해 건설되었다. 그러니 당연히 광고에서 보여지는 것과 같이 자부심을 느끼는 것인지도 모르겠다.

우리의 경우는 어떠한가? 1986년부터 무려 19년이나 끌어오던 부지 선정 작업이 2005년, 끝이 났지만 상처뿐인 영광이 되어 버렸다. 2005년 경주와 군산, 영덕, 포항 등 4개 시·군이 방사성폐기물 처분장(방폐장) 유치를 위해 열띤 경합을 벌인 결과 경주시가 89.5%의 가장 높은 찬성률로 방폐장을 유치했다. 하지만 안면도, 굴업도, 위도 등 이전의 후보지들에서는 각종 시위로 지역 경제에 타격을 입었다. 많은 사람들에게 씻을 수 없는 상처를 남기고 정부가 얻은 교훈은 방폐장의 건설과 운영을 투명하게 공개하여 신뢰감을 주겠다는 것이다.

그렇다면 반핵단체들이 얻은 성과는 무엇인가? 반핵단체들은 방폐장 건설을 줄기차게 반대해 왔다. 진정 자연과 인간을 생각한다면 어떻게 방폐장 건설을 반대할 수 있는 것인가? '원자력발전소 건설 반대' 나 '핵무기 개발 반대' 는 정당한 당위성을 갖는다. 하지만 방폐장은 이와는 다르다. 방폐장은 오히려 위험한 방사성 물질을 자연으로부터 격리하기 위한 시설이다. 점점 쌓여만 가는 중저준위 핵폐기물을 위험하게 그대로 쌓아두자는 생각이 아니라면 이것은 분명 잘못된 판단인 것이다. 한 조사에 따르면 핵폐기물에 관해서 시민단체들이 지역 주민보다 오히려 더 많이 오해하고 있는 것으로 나타났다.

시민단체들의 원자력에 대한 오해가 그동안 핵폐기장 건설의 걸림돌로 작용했다고 할 수도 있을 것 같지만 꼭 그렇지는 않다. 오히려 원전수거물관리센터와 관련된 그 동안에 벌어진 사태에 대한 모든 책임은 정부에 있다고 보는 것이 더 타당할 것이다. 군사정권 시절의 밀어붙이기에서 시작된 행정은 '거짓말하기', '주민 몰래하기', '말 바꾸기' 등 수준이하의 일처리 방식만 고집하다가 큰 대가를 치르고 이제 겨우 매듭을 지었다. 지금까지의 노력이 헛수고가 되지 않으려면 주민들과 시민단체들과 함께 세계에서 가장 안전한 원전수거물관리센터가 되도록 노력해야 할 것이다.

위험한 원자력: 체르노빌의 진실

원자력이 기피 대상 시설이 되는 가장 근본적인 이유는 방사선에 대한 두려움 때문일 것이다. 원자력발전이 시작된 이래 국내에서 크고 작은 사고와 고장이 있기는 했지만 직접적으로 큰 피해가 발생했다는 보고는 없었다. 이 때문에 원자력에 대한 반대의 근거로 제시되는 것은 현재의 위험성이 아니라 미래에 발생할지도 모르는 막연한 위험 또는 과거의 사고에서 교훈을 일깨우기 위해 체르노빌이나 쓰리마일 섬의 사고를 예로 든다. 원자력 반대주의자들은 체르노빌의 참상을 보고 어떻게 원자력이 안전하다고 할 수 있느냐고 말한다. 하지만 원자력 전문가들은 체르노빌의 참사가 알려진 것보다 부풀거나 과장되었다고 한다. 반핵주의자들이 자신들의 주장을 위해 사고를 과장하거나 편협하게 알리고 있다는 것이다.

1986년 4월 25일 체르노빌 원전 4호기에서는 외부 전원이 끊어질 경우를 대비하여 디젤발전기를 점검하는 시험이 진행되었다. 이때 시험을 쉽게 끝내기 위해 안전 수칙을 무시한 기술자들이 원자로의 안전 장치를 해제시켜 버리는 실수가 이 대형 사고의 원인이 된 것이다. 사고로 원자로에서 사용 중이던 연료 약 6톤이 방출되었으며, 1996년 평가결과에 따르면 방출된 방사능의 총량은 약 1.1×10^{19}Bq(약 3억 큐리)이었다. 폭발 당시 현장에서 3명이 사망하였고, 병원에 입원한 환자 중에서 28명이 방사선 피폭 후유증으로 사망하였는데, 대부분은 사고 당시 화재 진압과정에 투입되었던 소방수였다. 여기까지가 공식적으로 확인된 사항이다. 나머지 암으로 인한 사망자와 앞으로 발생할 암환자의 수는 연구 단체에 따라 그 수가 다양하다. 국제원자력기구(IAEA)와 피해 지역 3개국 정부는 '체르노빌 포럼 보고서'를 통해 사망자는 50여 명이고 향후 4,000명이 추가로 사망할 것이라고 예측했다. 하지만 국제환경단체인 그린피스는 9만여 명, 세계보건기구는 지금까지 5만여 명 등 그 숫자가 제각각이다. 이렇게 숫자가 제각각인 이유는 암 발생에 의한 사망자는 방사선 피폭 이후 오랜 시간에 걸쳐 그 효과가 나타나며, 그것이 자연적인 발생과 구분이 쉽지 않기 때문이다.

이렇게 사고에 대해 추측이 많은 것은 당시만 하더라도 구소련의 폐쇄성으로 인해 사고 규모와 피해 정도가 서방에 알려지지 않았다는 것도 일조를 했다. 기형아, 기형 동물 출산과 같이 지금 알려진 체르노빌 괴담 중 상당수는 소문을 근거로 한 것이 많다. 또한 체르노빌 사고로 인해 인접 국가인 우크라이나에서는 12만 5천 명이나 되는 사람이 그 동안 사망했다고 알려졌다. 하지만 이것 또한 완벽한 오보다. 12만 5천 명이라는 숫자는 나이 들어 죽는 자연사와 같이 사고와 관련이 없는 사망자까지 포함된 것이다. 총 사망자가 수가 체르노빌 사망자 수로 잘못 알려진 것이다.

쓰리마일 섬의 사고 또한 마찬가지인데 미국 원전 건설 계획을 취소시키고 전 세계에 원자력발전이 안전하지 않다는 인식을 심어 준 이 사고로 사망한 사람은 아무도 없다. 조금 보태서 이야기하면 원전에 의한 피해보다 호들갑스런 언론에 의해 사람들이 받은 스트레스에 의한 피해가 더 크다는 말도 있다.

한양대학교 이재기 교수의 '체르노빌 원전사고 10년의 회고'라는 자료를 보면 체르노빌 사고의 방사선 피폭으로 인한 만성 영향 중에서 지금까지 가장 확실하게 나타난 것은 사고 당시 어린이였던 사람들의 갑상선암으로, 1998년 말까지 보고된 갑상선암 환자의 수는 진단 당시 15살 미만의 어린이들 10만 명 중에서 1,036명이었고, 이 중 3명이 사망했다고 한다.

체르노빌 사고 발생 20주년을 맞이하여 언론에서도 서로 상반되는 보도를 한다. 한쪽에서는 아직 끝나지 않은 악몽에 대해 보도를 하며, 다른 쪽에서는 야생동물의 천국이 된 체르노빌을 보도한다. 원자력 전문가이든 원자력을 반대하는 환경보호론자이든 자신의 주장을 위해 사고를 축소하거나 확대시키는 일은 없어야 할 것이다.

원자력발전 어떻게 운영해야 할까

원자력 전문가들은 원자력이 미래를 위해 대안 없는 선택이라는 점을 강조한다. 원자력 반대론자들은 원자력 대신 신재생에너지로 전환해야 한다고 주장한다. 원자력에 찬성하는 쪽에서는 항상 통계수치를 들고 나와서 원자력발전이 국익에 득이 된다고 한다. 이에 비해 원자력을 반

•• 100밀리시버트의 방사선은 한꺼번에 전신에 받는다고 해도 생물학적으로 별다른 영향이 나타나지 않는다. 원자력발전소나 방사선폐기물 관리시설 주변 지역에 산다고 해도 1년 동안 0.02밀리시버트 밖에 방사선에 노출되지 않는다. 하지만 자연에서 우리가 받는 방사선량은 2.4밀리시버트이다. 따라서 원자력발전소 주변의 기형 가축이 원자력발전소 때문이라는 주장은 억측에 불과하다.

대하는 주장의 대부분은 과학적 연구를 바탕으로 하기보다는 가능성을 토대로 공포심을 자극하거나 감정에 호소하는 부분이 많다. 체르노빌 사고에서와 같이 원자력에 대한 방심은 대규모 참사로 이어질 수 있기 때문에 시민단체와 언론의 끊임없는 감시 활동과 견제가 필요하다. 하지만 '단순히 트집 잡기' 식의 문제제기는 모두에게 도움이 되지 않는다.

2006년 6월 고리원자력발전소 부근에서 다리가 7개 달린 기형 염소가 태어났다. 기형 동물이 태어나는 것이 흔한 일은 아니지만 그리 드문 일도 아니다. 감염이나 화학물질, 방사선 등에 의해 기형 동물이 태어날 수 있다. 따라서 고리원자력발전소 1, 2호기와 6~7km 정도 떨어진 곳에서 기형 동물이 태어났다는 사실에 대해 걱정하는 것이 당연할 수도 있다. 하지만 이러한 사건은 이미 1996년, 월성원전 근처에서도 일어났다. 이때도 일부 언론이 원전과 관련해 보도를 했으나 조사 결과 아까바네라는 바이러스 감염으로 인한 질병인 것으로 나타났다. 이미 '원자력발전소 사육 재래산양의 방사선 생물학적 평가'에 따르면 원전에서 사육한 재래산양이 다른 지역에서 사육한 산양보다 덜 건강하다는 증거를 찾을 수 없었다. 또한 다른 연구 결과에서도 원자력발전소 주변의 가축들에게서 더 많은 기형동물이 발생한다는 근거는 없다. 하지만 일부에서는 아직도 기형 가축이 태어나기만 하면 원전과 관련키시고 있다.

우리나라는 1962년 3월 최초로 연구용 원자로인 'TRIGA Mark-II'를 가동시킴으로써 본격적인 원자력 기술개발과 이용을 시작한 이후 원자력발전에 눈부신 성과를 이룩하였다. 하지만 원자력발전소의 가동 연수가 증가함에 따라 노후화관리를 비롯한 종합적인 안전성 확인이 필요하다. 이를 위하여 2000년 5월 고리 1호기에 대한 주기적 안전성평가(PSR) 시범 실시가 시작되었고, 이어 2001년 5월부터 월성 1호기에 대한 평가가 시작되었다. 2001년 개정된 원자력법에 따라 2002년부터 10년이 지난 국내의 모든 원자력발전소에 대하여 평가하고 있다. 또한 정부에서는 국민의 알권리를 충족시키고 원자력 안전규제의 투명성 제고를 위해 원자력안전정보 공개센터를 원자력안전기술원에 설립(2002년 11월)하고 2003년에는 원전 사고, 고장 정보, 방사선 피폭현황, 전 국토 환경방사능 준위, 원자력안전위원회 활동 등을 실시간으로 공개하기 위한 안전정보공개 사이버시스템을 구축하였다고 원자력안전백서를 통해 밝히고 있다. 우리나라의 원자력발전 운영 실태는 매우 안전하다는 것이다. 2003년 현재 가동 중 원자력발전소 18기에서 과학기술부 고시 제 2001-44호에 따라 보고된 사고·고장은 23건, 기기고장은 16건이었다고 하지만 중대 사고에 대해 원전 측에서 밝히지 않고 있다는 주장이 끊임없이 나오고 있다.

투명하고 안전하게 원전을 운용할 수 없다면 체르노빌과 같은 참사가 다시 일어날 수 있다. 지금 당장 원자력발전을 그만 둘 수 없다면 환경단체에서는 기형가축과 같이 소모성 논쟁을 하는 것보다 원전을 안전하게 운용할 수 있는 방법을 강구하는 것이 더 중요하다. 원자력과 관련된 논쟁은 그 어떤 문제보다 합리적으로 해결해야 하며 결코 감정에 치우쳐서는 안 된다.

투명하고 안전하게~
약속해줘~!

또한 여러 곳에서 휴화산이 폭발해 분진과 거대한 해일로 피해를 입었다는 소식입니다.
4

5
이러한 상황을 바로 잡으려면 한 가지 방법밖에 없는 것 같습니다!
여러분!

6
온실가스 걱정 없는 푸른 에너지!
원자력만이 지구를 구할 수 있습니다!!

젊은 연인이 벤치에 앉아 곰돌이 인형을 사이에 두고 즐겁게 담소를 나누고 있다. 이유는 알 수 없지만 어느날 남자가 떠나고 그 자리를 곰돌이 인형이 채우고 있다. 남자가 앉았던 자리를 바라보던 여자도 떠난다. 그리고 두 사람이 사랑을 나누던 자리에는 덩그러니 일회용 컵만 남아 있다. 데이트를 하든 이별을 하든 떠난 자리에 흔적이 남지 않도록 뒤를 돌아볼 일이다. 일회용품, 하루 하나씩만 줄여도 미래가 깨끗해진다지 않는가.

>> 미 래 가   깨 끗 해 지 려 면 ? <<

두 남자는 헬스 클럽에서 운동은 하지 않고 늘씬한 미녀에게 넋이 나갔다. 운동을 마치고 음료수를 마신 다음 컵을 버리려다가 롯데리아로 가져간다. 그 미녀는 롯데리아의 점원이었고, 그들에게 환경보조금을 준다. 그렇게 받은 돈 200원에 즐거운 것인지 그 아가씨를 본 것이 기쁜 것인지 여하튼 두 사람은 즐겁게 매장을 나간다.

미래가 깨끗해지려면?

        쓰레기 매립장이나 소각장 입지 선정을 두고 지방
자치단체와 지역 주민 간의 마찰이 생기는 경우를 흔히 접하게 된다.
쓰레기 처리시설은 혐오시설이라는 인식 때문이다. 건설 여부를 두고
해당 기관과 주민이 맞서는 동안 쓰레기 문제로 주민들이 생활에 불편
을 겪게 된다. 또한 쓰레기나 산업 폐기물을 몰래 함부로 버려 자연이
몸살을 앓기도 한다. 이렇게 골치 아픈 쓰레기 문제를 해결하기 위해
1회용품 사용을 줄이자고 한다. 1회용품 사용이 줄면 쓰레기가 줄고
그만큼 미래가 깨끗해진다는 것이다.

        과거에는 쓰레기가 필요 없어 버려졌다면 지금은 새로운 에너지 자
원으로 활용되고 있다. 사람들은 쓰레기 분리수거가 자원도 절약하고

환경도 보호하리라 믿기 때문에 불편을 기꺼이 감내하는 것이다. 하지만 이러한 노력에도 불구하고 쓰레기 재활용이 환경에 도움이 되기는커녕 오히려 또 다른 환경오염을 일으키기도 한다. 잘못된 환경정책은 소중한 국민의 세금을 낭비할 뿐 아니라 환경을 오염시킬 수도 있다.

생활수준이 높아지면서 많은 사람들이 환경을 생각할 여유가 생겼다. 이렇게 말하면 환경이 경제 다음이냐고 반문할지 모르지만 사실이 그렇다. 대부분의 환경오염은 의식의 문제가 아니라 가난의 문제에서 비롯되었다. 굶어 죽는 사람이 태반인데 하천 정화 작업에 많은 예산을 배정할 수 없기 때문이다.

우리의 상황도 이와 크게 다르지 않다. 대규모 국책 사업을 수행하는데 환경을 고려해야 한다는 것은 당연하다. 하지만 개발로 인한 환경 파괴가 미미한 수준이고 그로 인해 얻는 경제적 이익이 크다면 당연히 추진해야 하지 않을까? 우리의 소중한 환경을 잘못된 환경정책이나 환경운동으로 훼손하면 안 될 것이기 때문이다.

환경주의자 VS 회의적 환경주의자

대부분 환경을 주제로 하는 논의는 '환경문제가 심각하다' 또는 '우리 인류는 환경 위기에 직면해 있다'는 명제가 참이라는 전제가 깔린다. 어린 시절 멱을 감던 하천은 날이 갈수록 오염이 심해져 '괴물'이 등장한다고 해도 믿을 판이다. 도시의 하늘은 스모그로 뒤덮여 있

어 배기가스 규제를 위해 자동차에 세금을 더 물려도 누구 하나 이의
를 제기하지 못한다. 새만금호를 살려야 하고, 천성산의 도롱뇽도 살
려야 한다. 하루가 멀다하고 언론에서는 날마다 새로운 오염물질에 의
한 피해사례를 보도한다. 이런 상황에서 환경문제가 심각하지 않다고
느끼는 사람은 별로 없을 것이다.

　환경주의자들의 주장이 너무 강해 환경문제에 소홀하면 마치 그것
이 무지해서 그러한 것인 양 취급받기도 한다. 그런데 이러한 환경주
의자들의 주장이 틀렸다면? 환경이나 생태계가 아무런 문제가 없다거
나 생각만큼 심각하지 않다면? 아니 오히려 상황이 점점 좋아지고 있
다면? 우리는 환경문제를 해결하기 위해 이러한 질문으로 다시 돌아갈
필요가 있을 것 같다. 만약 환경문제가 그리 심각하지 않다면 우리는
환경문제로 골머리 썩을 필요가 전혀 없을 것이다. 또한 급하지도 않
은 환경문제에 많은 예산을 투입할 이유가 없다. 이렇게 현재의 환경
이 전혀 문제가 없다는 입장을 회의적 환경주의라고 한다. 회의적 환
경주의자들은 환경주의자의 이론이 단순히 사색에 불과한 비과학적인
이론이라고 공격한다.

　환경을 걱정하는 사람이 감성적이며, 진정으로 인간적인 사람으로
취급받는 사회 분위기 때문에 환경과 관련된 대부분의 책들은 환경주
의 성향이 강하다. 부모들은 아이들에게 병들어 가는 지구를 살리기
위해서 생태적인 사고방식을 갖도록 생태주의 도서를 권한다. 또한 추
천도서로 대부분 이런 책이 선정되기 마련이다. 하지만 아무리 좋은
취지를 가졌다고 하더라도 같은 생각을 가진 사람만 모이면 독단에 빠

지기 마련이다. 따라서 우리는 회의적인 환경주의자의 주장에도 귀기울여야 한다.

국내에 알려진 대표적인 회의적인 환경주의자는 기 소르망과 비외른 롬보르 등이다. 기 소르망은 『진보와 그의 적들』(문학과 의식, 2003)에서 복제인간과 유전자변형식품(GMO: genetically modified organism)에 대한 공격을 러다이트 운동과 같은 맥락으로 바라보며, 녹색주의가 생각만큼 안전한 것이 아니라고 주장한다. 또한 지구 온난화 문제도 주장과 같이 심각한 것이 아니라고 말한다.

롬보르의 『회의적 환경주의자』(에코리브르, 2003)는 국내외에 큰 반향을 불러 일으켰다. 롬보르는 한때 그린피스로 활동한 환경주의자였으나 회의적인 환경주의자로 전향한 경력으로 많은 주목을 받았다. 이 책이 출간되자 많은 과학자들은 그가 환경전문가가 아니라 통계학자이기 때문에 많은 과학적인 오류를 범했다면서, 그 이론에 반박하고 나섰다.

국내에서는 세민환경연구소 소장인 홍욱희 박사가 월간지 「첨단환경기술」의 '환경, 이제 바로 보자' 라는 칼럼(이 칼럼은 『위기의 환경주의 오류의 환경정책』(지성사, 2006)이라는 책으로 나왔다.)을 통해 우리의 환경문제를 꼼꼼히 따지기도 했으며, 『3조원의 환경논쟁 새만금』(지성사, 2004)를 통해서 새만금 문제에 대해서도 객관적으로 바라보고자 했다.

2005년 1월, 손전등 납품사건을 거론하지 않더라도 이미 환경단체나 환경주의자를 바라보는 시선이 예전처럼 곱지만은 않다. 그것은 일부 환경단체의 도덕성도 문제지만 대다수 국민의 뜻을 생각하지 않는 비타협적 운동방식이 더 큰 문제라고 볼 수 있다. 많은 국민들이 경제가 어려워 힘든 생활을 하고 있고, 지키고자 하는 대상이 막대한 국고를 낭비하여 지킬만한 것인지 체감하지 못하기 때문에 이런 밀어붙이기식 환경운동은 지지를 받기 어려운 것이다.

지율 스님은 천성산 원효터널 공사의 문제점을 제기하고 천성산의 도롱뇽(천성산에 사는 동식물을 대표)을 보호하기 위해 한국철도시설공단을 상대로 경부고속철도 천성산 구간 터널(원효터널) 공사 착공금지 가처분 신청을 했다. 또 천성산 고속철 관통에 반대하는 단식으로 정치권과 많은 사람들의 관심을 끌었다. 결국 도롱뇽 소송은 "천성산 터널 공사를 계속하라."는 대법원의 판결로 마무리가 되었지만 1년간 공사가 지연되어 2조 5161억 원의 손실을 기록했다. 물론 환경단체 측에서는 이 비용이 부풀려진 것이라고 주장하지만 적지 않은 국고가 낭비된 것은 분명하다. 인간의 한계를 초월한 듯한 지율 스님의 단식에 감동하고 뜻을 같이 하는 이들도 있었지만 인터넷에서는 많은 누리꾼들이 지율 스님에게 입에 담기 힘든 욕을 퍼붓기도 했다. 이와 함께 언론에서는 국책 사업에 제동을 거는 환경운동에 대한 기사를 내보내는 등 지율 스님의 행보에 대한 찬반 논란이 거셌다.

국책사업이 줄줄이 지연되면서 수조 원의 국민의 혈세가 낭비된 것이 환경단체의 탓만은 아니다. 엄청난 예산이 소요되는 국책사업임에도 불구하고 주먹구구식으로 사업을 추진한 정부에 그 일차적인 책임을 물어야 한다. 가난 때문에 가정이 해체되고, 자살하는 사람이 생

기는 상황에서 이와 같이 많은 예산을 낭비한 것은 참으로 안타까운 일이다. 물론 이러한 예산 낭비가 없다고 그 돈이 고스란히 서민들의 복지 문제 해결을 위해 사용된다는 보장은 없다. 그러나 우리가 소모성 논쟁이나 그리 크지 않은 환경문제로 막대한 예산을 낭비해도 좋을 만큼 부유한 나라인가 생각해 볼 필요는 있다.

오늘날 우리의 환경이 좋아진 데에는 환경단체가 일조한 것은 분명하다. 하지만 정부나 환경단체, 어느 한쪽의 주장이 너무 강할 경우 독단으로 빠져들 위험이 있다. 환경주의자이든 회의주의자이든 환경문제를 감정적인 추론이 아니라 무엇보다 과학적이고 합리적인 방법을 통해 결론을 도출하는 것이 더 나은 내일을 위해 우리가 가져야 할 태도인 것이다. 환경보호가 성스러운 것이 되거나 환경문제만 거론하면 아무리 합법적인 사업이라도 중단시키는 일은 없어야 하며, 환경보존과 개발을 대립구도로 보는 관점에 대해 다시 생각해 봐야 한다.

무조건 재활용만이 해결책?

종이류는 1톤을 만드는 데 약 17그루의 나무가 필요하고, 베어진 나무 자리가 다시 채워지는 데는 30년 이상의 오랜 시간이 필요하고 심고 가꾸는 데는 그 이상의 노력이 필요하다. 유리병의 경우, 한 개를 재사용함으로써 절약되는 에너지는 100와트의 전구를 4시간이나 밝힐 수 있는 양이며, 새로운 원료 대신 버려진 유리를 재사용하면 대기오염은 20%, 수질오염은 30%를 줄일 수 있다. 알루미늄을 재활용하는데 필요한 에너지는 원광석으로부터 얻는데 필요한 에너지의 1/26로 절감하는 효과가 있다. 알루미늄 캔은 땅속에 묻힌 후 500년이 지나야 분해된다.

알루미늄 캔이 제 모양을 바꾸어 가며 여러 가지 물건으로 다시 태어난다는 내용의 광고가 있었다. 이 광고는 앞의 자료를 근거로 쓰레기는 매립지나 소각로에서 처리되는 것이 아니라 재활용을 통해 다시

소중한 자원이 된다는 것을 알려 주기 위한 것이었다. 분리수거를 통해 자원을 절약하고 부족한 매립지의 사용연한을 늘릴 수 있다. 또한 환경오염도 줄일 수 있으니 누가 감히 재활용 문제에 이의를 제기할 수 있겠는가? 하지만 이렇게 힘들게 분리수거를 하였지만 이러한 노력이 자원 절약과 환경오염을 막는데 아무런 도움이 안 된다면?

영국 런던에 있는 임페리얼칼리지 환경기술센터의 에너지 정책 분석가인 리치(M. Leach)박사는 동료 연구진과 함께 다양한 종이 폐기물 처리에 관한 전반적인 환경 비용을 연구했다. 연구에 따르면 적어도 영국에서의 종이를 재활용하는 것은 가장 일반적인 처리 방법인 매립하는 것보다는 낫지만 소각보다는 현저히 나쁘다는 것이다.

소각할 때 발생하는 열을 이용하면 전력을 생산할 수 있다. 하지만 재활용 과정에서는 폐지의 수집부터 운반 및 재활용 과정에서 많은 에너지가 투입되어야 하고, 그 과정에서 환경오염도 발생한다. 이는 재활용 공장이 도시에서 멀어질수록 더욱 심각해진다. 물론 소각할 경우 이산화탄소나 다양한 유해 가스가 발생하기도 한다. 그러나 최근 소각 기술의 발달로 이산화탄소를 제외하고는 큰 문제를 일으키지 않는다. 종이를 소각하면 산림을 더 많이 훼손할 것이라 생각하기 쉽지만 사실 단 1%만 열대 자연림에서 벌목하고 나머지는 기업에서 조성한 인공 조림지에서 생산한다. 따라서 소각으로 인한 이산화탄소의 증가는 나무를 심음으로써 해결할 수 있다.

물론 이 연구 결과는 영국의 실정에 따른 것이고, 아직 검증해야 할 부분도 많다. 그리고 그의 연구 결과에 다른 연구자들이 모두 동의하는 것도 아니다. 하지만 이러한 리치 박사의 생각은 기존의 환경주의자들의 주장을 다시 생각해 봐야 한다는 것을 우리에게 알려 준다.

일회용 용기와 유리 용기 중 어느 것이 더 환경에 유익한지는 꼼꼼하게 따져 본 후 결정해야 한다. 접시와 컵이 500회 이상 사용되는 전통적인 식당에서는 사기 그릇이 더 환경 친화적이다. 하지만 작은 식기인 경우에 깨지는 확률이 높거나 200회 이하 사용되는 경우는 일회

•• 왼쪽은 재활용 마크이다. 이 마크는 쓰레기 배출량을 줄이고 폐자원의 이용과 재활용을 촉진하기 위해 만든 것이다. 그러나 폐자원의 수집, 운반 및 가공 등 여러 단계에 걸쳐 많은 비용과 에너지가 투입된다. 오른쪽은 실제 재활용 쓰레기의 활용이 왼쪽의 마크처럼 간단하지 않다는 것을 보여 준다.

•• 재활용 폐기물 분리배출이 성공적임에도 재활용 쓰레기 활용은 지지부진할까? 이유는 간단하다. 바로 경제성의 측면에서 수지가 맞지 않고 또 생산된 재활용 제품의 질이 좋지 않아서 소비자들이 사용을 꺼리기 때문이다. 우리나라의 현실에서 쓰레기 재활용은 그것이 음식물 쓰레기든 폐지 쓰레기든 상관없이 크게 제약을 받는다. ─『위기의 환경주의 오류의 환경정책』

용 식기가 더 생태친화적이라고 한다. 유리 용기의 경우 일회용 용기보다 제조나 운반에 훨씬 더 많은 에너지와 공해가 발생하기 때문이다. 그렇다고 일회용 용품을 마구 사용하라는 것은 아니다. 하지만 종이가방 비용을 강제로 징수하게 만들면서 결국 이득 보는 것은 백화점과 같은 판매점밖에 없다. 누가 백화점에 쇼핑가면서 100원을 아끼려고 장바구니를 들고 가겠는가? 현실성 없는 환경정책은 엉뚱한 비용지출과 불편만 초래할 뿐이다.

다시 생각해 보는 음식물 쓰레기

흰 그릇에 조금 담긴 음식을 모두 먹고, 남은 몇 알의 밥까지 먹기 위해 물로 헹궈서 마시는 것은 결국 음식물 쓰레기를 줄여 보자는 것이다. 간단하게 생각하면 먹지 않고 버려지는 음식물 쓰레기로 인해 많은 돈이 낭비되기 때문에 음식물 쓰레기를 줄이는 것이 당연하다고 생각할 것이다. 물론 버려지는 음식물이 아깝기는 하다. 따라서 음식물 쓰레기를 줄이기 위해 필요한 만큼 요리하고 적게 담아서 먹고, 남기지 않는 것이 좋다. 하지만 이러한 음식문화 개선사업이 환경부의 잘못된 음식물 쓰레기 정책을 가리기 위한 것이라면?

얼마 전까지 내가 살던 곳은 지방의 소도시였다. 우리 집은 맞벌이 가정으로 아내의 일을 도와주기 위해 음식물 쓰레기 분리작업은 내가 했다. 아침을 집에서 먹고 나면 저녁도 밖에서 먹고 오는 경우가 많아

서 음식물 쓰레기가 별로 많지 않은 편
이었다. 그러다 보면 음식물 쓰레기 종
량제 봉투에 음식물이 찰 때까지 보관하
다 보면 악취와 구더기 때문에 곤란할
때가 많았다. 작년부터는 어쩐 일인지
음식물 쓰레기 종량제 봉투를 판매하지
않아서 그냥 비닐봉투에 담아서 버렸다.

음식물을 재활용하려면 봉투 없이 음식물을 수거하는 것이 좋을 텐데
왜 봉투에 넣어서 버려야 하는지 알다가도 모를 일이다. 올해에는 대
도시의 규모가 큰 아파트 단지로 이사를 오면서 비닐봉투를 이용하는
것이 아니라 전용 음식물 쓰레기 수거함에 버리게 되었다.

지방자치단체에 따라 다르기는 하겠지만 대부분의 경우 음식물
쓰레기는 별도의 수거차량을 통해 음식물 쓰레기 처리장으로 보낸다.
여기서 가축사료나 퇴비로 만들어진다. 문제는 막대한 예산을 들여
만든 음식물 쓰레기 처리장이 악취가 발생한다는 민원에 의해, 기계
의 잦은 고장등의 문제로 가동이 제대로 안 된다는 것이다. 수백억 원
을 투입한 처리 시설을 무용지물로 방치한 지자체가 한두 곳이 아니
다. 이 때문에 함께하는 시민행동으로부터 음식물 쓰레기 감량기기사
업의 환경부와 지방자치단체가 제 17회 '밑 빠진 독 상'을 수상하는
불명예를 안기도 했다. 또한 음식물 쓰레기처리장이 부실할 뿐 아니
라 여기서 만들어진 가축사료와 퇴비에 염분이 많은 저급한 것이 많
아 거의 판매가 되지 않는다. 염분이 많은 퇴비는 농사에 도움을 주는

•• '시민행동'은 제17회 '밑빠진독상'으로 사전에 충분한 타당성 조사 없이 지방자치단체들이 행정편의적 발상으로 도입한 '음식물 쓰레기 감량기기'를 선정하였다. 시민행동이 입수한 환경부 자료에 따르면 총 111억 8천1백만 원의 예산으로 도입한 감량기기는 악취, 소음, 효과부족으로 인한 사용 기피로 현재 전체 952대 중 203대만 가동 중이며 나머지 749개는 폐기처분되거나 가동이 중단된 채 고철화 되어 총예산 85억 3천9백만 원을 낭비하였다. —시민행동

것이 아니라 아예 망칠 수 있기 때문이다. 퇴비를 만들려면 음식물 쓰레기에 톱밥을 섞어야 하는데, 이 톱밥은 폐건축 자재나 수입 톱밥을 사용한다. 건축물에서 나온 목재는 페인트가 묻어 있거나 중금속이 섞여 있고, 수입 톱밥은 염분이 나오기도 한다. 이것도 부족하여 목재를 갈아서 톱밥을 섞어 넣기도 한다.

음식물 쓰레기에서 발생하는 침출수는 지하수로 흘러가 심각한 환경오염을 일으킨다. 쓰레기 매립장에 음식물 쓰레기 유입이 줄어 매립장 침출수의 염분 농도는 낮아졌지만 음식물 쓰레기처리장의 침출수는 여전히 문제다.

음식물 쓰레기 처리장에서 발생하는 침출수는 하수처리

•• 침출수: 음식물과 같이 물기가 많은 쓰레기에서는 썩은 물이 아래로 흘러나오는데 이를 침출수라고 한다. 침출수는 토양이나 지하수를 오염시키고, 강으로 흘러들 경우 부영양화를 일으킨다. 특히 음식물 쓰레기에서 나오는 침출수는 염분이 높아 처리가 쉽지 않다.

장에 보내서 병합처리(음식물 쓰레기 처리장 처리 한도를 초과하는 침출수를 하수 처리장으로 보내, 하수처리장에서 일반 하수와 함께 처리하는 방식)하기 때문에 하수처리장에 추가 부담으로 작용한다. 하수처리장으로 보내지 않는 경우에는 해양 투기하는 방법으로 처리하고 있다. 음식물 쓰레기분리정책을 실시한 후부터 음식물 쓰레기 폐수의 67%가 해양에 버려지고 있다고 한다. 이 과정에서 지정된 지역에 폐기물을 버리지 않고 다른 곳에 버리는 등 해양 오염을 시키고 있다.

음식물 쓰레기를 분리수거하고, 매립을 금지하면서 다른 문제도 발생했다. 음식물 쓰레기를 매립하면 악취가 발생하기도 하지만 메탄가스가 대량으로 발생한다. 메탄가스는 온실가스의 하나이기도 하지만 이를 모으면 연료로 사용할 수 있다. 이렇게 메탄가스를 이용하여 이를 연료로 발전하는 설비를 매립지가스(LFG: Land Fill Gas) 발전이라고 한다. LFG 발전은 소규모의 투자로 단기간에 발전이 가능하며, 매립으로 인한 악취문제를 해결하는 등의 장점이 있다. 또한 매립지 가스는 천연가스를 대체하여 사용할 수 있는 등 경제성과 활용성 모두 우수한 에너지이다. 하지만 최근 들어 LFG발전 설비의 가동률이 급격히 떨어지고 있는데 바로 2005년도부터 시행된 음식물 쓰레기 매립 금지 정책 때문이다.

음식물 쓰레기가 매립장에서 분리되어 매립장으로 유입되는 쓰레기의 양은 10% 정도 줄었다고 한다. 이 10%의 쓰레기를 줄이기 위해 부차적인 환경오염을 유발하며, 주민에게는 불편함을 주고, 지자체에는 음식물 쓰레기 처리의 부담을 주고 있는 것이다.

홍욱희 박사는 이렇게 문제가 많은 음식물 쓰레기 정책을 환경부가 포기하지 못하는 것은 이 정책을 환경부와 환경단체들이 합작으로 만든 환경정책이기 때문이라고 주장한다. 그래서 음식물 쓰레기 정책이 잘못되었다는 것을 알면서도 양측 모두 아무 말 하지 못하고 있다는 것이다. 결국 환경부는 음식물 쓰레기 정책의 잘못을 인정하는 대신 음식물 쓰레기 줄이기라는 음식문화를 유도하는 방법을 택했다는 것이다.

쓰레기 소각장 건설 결사반대?

더 이상 쓰레기는 필요 없어서 버리는 쓸모없는 것이 아니다. 재활용되지 않는 쓰레기도 메탄가스 포집을 통해 LFG 발전이나 소각을 통해 열에너지를 회수하여 사용할 수 있는 소중한 자원이다. 우리나라의 신재생에너지의 70% 정도가 바로 폐기물 소각을 통한 폐열이며, 2005년도에는 이를 통해 1,500억 원의 중유 절약효과를 얻었다고 한다. 중유를 이렇게 절약했다는 것은 화석에너지 사용을 그만큼 줄였다는 것이며, 따라서 온실가스를 135만 톤 정도를 감소시켰다고 정부는 밝히고 있다.

쓰레기 소각장은 자원 재활용시설이라고 할 수 있지만 이를 건설하려면 환경단체와 지역주민들의 반대에 부딪히는 경우가 많다. 이 때문에 쓰레기 소각장을 자원회수시설이라는 이름으로 부른다. 시설 측에서는 환경오염 물질을 많이 배출하는 기존의 소각로와 달리 오염물질을 많이 줄였고, 환경부에서 굴뚝자동측정시스템을 통하여 24시간 오염물질 배출을 감시하고 있다고 밝히고 있다.

쓰레기 소각장을 반대하는 이유 중 하나는 다이옥신(dioxin)이다. 다이옥신은 지금까지 인간이 만들어 낸 오염물질 중 가장 독한 것이라 고 알려져 있다. 하지만 다이옥신은 인간이 처음으로 만들어낸 것도, 가장 강한 독성을 가진 물질도 아니다. 또한 유기물을 연소하면 미량 의 다이옥신이 생성된다고 알려져 있다. 다이옥신이 문제가 되는 것은 물질 자체의 안정성으로 인해 토양이나 침전물 속에 축적되 어 수십 년 혹은 수백 년까지도 존재할 수 있다는 것이다. 더욱 사람들을 불안하게 만드는 것은 다이옥신은 물에 잘 녹지 않고 지방에는 잘 녹는다는 것이다. 이렇게 되면 체내 에 흡수된 후 오줌을 통해 배설되지 않고 체내에 쌓인다.

다이옥신에 대한 공포가 과장된 것이라는 주장도 있다.

다이옥신의 종류는 210개가 있는데, 이중 독성을 나타내는 것은 사염화 이벤조 다이옥신(TCDD, tetrachlorodibenzo-p-dioxin: 베트남전에서 사용한 고엽제의 주요 성분)을 비롯해 17가지 정도이다. 하지만 일단 다이옥신이 나온다고 하면 무엇이든 싸잡아서 유독성 물질이라거나 강력한 발암 물질인 다이옥신이 검출되었다고 몰아붙이는 데는 조금 문제가 있어 보인다. 모유에서 발견된 극미량의 다이옥신 때문에 모유 수유에 대해 문제를 제기하는 것이 옳지 않듯이 다이옥신 문제만 나왔다고 하면 소각장에 의심의 눈초리를 보내는 것도 옳지 않다. 곳곳에서 다이옥신이 발견되는 것은 환경오염 탓도 있겠지만 검출 기술의 발달에 따른 원인도 있기 때문이다. 그렇다고 다이옥신이 위험하지 않다는 뜻은 아니다. 분명 다이옥신은 발암물질이며 강한 독성이 있다. 따라서 소각로가 다이옥신 저감시설이 되어야 한다는 것은 당연하다.

기존의 소각로는 다이옥신이 다량 검출되는 시설이었다. 따라서 과거에 소각로에서 다이옥신이 검출된다는 보도가 많았던 것이다. 요즘에는 자원회수시설이라 불리는 최신식 소각로보다는 불법 소각행위가 더 큰 문제이다. 다양한 종류의 오염성 쓰레기를 현대적 기술로 태울 때보다 오염성이 없는 목재를 태울 때 20배나 더 많은 다이옥신이 방출된다고 한다. 도시 외각에서 발생하는 불법 소각행위는 하루에 수천 건 이상 발생하지만 이를 단속하는 경우는 극히 드물다.

또 다른 문제는 소각을 반대하는 목소리가 높아지자, 환경부는 1999년부터 시멘트 업계가 폐기물을 사용할 수 있도록 허용했다는 것이다. 이때부터 시멘트를 만드는 데 점토, 규석, 철강석 대신에 폐타이어, 폐고

무, 하수처리 오니(汚泥) 등을 활용하고 있다. 1999년 이후 생산된 국내 시멘트에서 중금속과 유해 물질이 많이 발견되는 것은 바로 이 때문이다. 어떤 연구에서는 아토피의 주범이 바로 이러한 불량 시멘트 때문이라는 주장도 제기되었다. 상황이 이러한데도 환경단체에서는 오히려 화석연료 절감을 통해 지구온난화를 방지하고 있다고 두둔하고 있다. 2011년부터는 쓰레기의 해양 투기가 전면 금지된다. 이에 환경부는 음식물 쓰레기 문제를 해결할 새로운 방안의 하나로 시멘트 업계를 지원하는 것이다.

환경을 깨끗하게 보전하는 데는 환경단체나 정부의 노력만으로 되지 않는다. 환경에 대한 올바른 시각을 가지고 온 국민이 노력했을 때 비로소 자연과 인간이 함께 가는 공존의 길이 열리는 것이다.

환경주의자 미래 씨 VS
회의적 환경주의자 일회용 씨

재활용하는 데 드는 노동력이랑
에너지 낭비가 더 심해서래.
4
요즘 소각기술도
많이 좋아졌고….
그러니까 쓸데없는 짓 하지 말고
커피나 한 잔 주세요.
5
……
6
그럼 이걸 쓰레기 봉투에 넣으라고?
웃기지 말고 얼른 나와!

| 참고문헌 |

1장

강준만, 『대중문화의 겉과 속 II』, 인물과사상사, 2003년.

김광수, 『광고학』, 한나래, 2000년.

박영배, 「천자칼럼-뉴로마케팅」, 『한국경제』, 2004년 7월 30일.

수전 린, 『TV 광고 아이들』, 들녘, 2006년.

우도 폴머, 『건강상식 오류사전』, 경당, 2006년.

이반 L. 프레스톤, 『광고는 기만인가, 진실인가?』, 커뮤니케이션북스, 2006년.

21C 지식정보센터, 「잠재의식광고 효과가 있을까?」, www.inetbook.co.kr, 2004
년 4월 21일.

이영완, 「"광고로 기억조작 가능"……美연구팀 실험 통해 확인」, 『동아일보』,
2001년 6월 20일.

이용수, 「영국 어린이, 정크푸드 광고서 해방」, 『조선일보』, 2007년 2월 6일.

정종호, 『꼭꼭 씹어 먹는 영양이야기』, 종문화사, 2001년.

제리 맨더, 『텔레비전을 버려라』, 우물이있는집, 2002년.

최승철, 「소비자 속마음도 본다」, 『파이낸셜뉴스』, 2003월 11월 28일.

탐 스탠포드 외, 『마인드 해킹』, 황금부엉이, 2006년.

하인리히 찬클, 『역사의 사기꾼들』, 랜덤하우스중앙, 2006년.

2장

권재현, 「외식업체 영양성분 공개 붐 '속……보이죠?'」, 『경향신문』, 2006년 9월 15일.

김종찬, 「식품 안전문제는 과학적 정책과 국민의 신뢰만이 해결책」, 『식품저널』,
　　　　2006년 8월.

김지혜 · 김희연, 「착향료의 관리동향」, 『식품과학과 산업』, 79~84쪽. 2003년.

김학태, 「적법한 식품첨가물 사용 불구 위해성 논란」, 『식품저널』, 2006년 8월.

다음을 지키는 엄마 모임, 『차라리 아이를 굶겨라』, 시공사, 2000년.

브라이언 핼웨일, 『로컬푸드』, 시울, 2006년.

서한기, 「식품첨가물과 아토피피부염 상관관계 없다」, 『연합뉴스』, 2007년
　　　　1월 11일.

아베 쓰카사, 『인간이 만든 위대한 속임수 식품첨가물』, 국일출판사, 2006년.

안병수, 『과자, 내 아이를 해치는 달콤한 유혹』, 국일출판사, 2005년.

안선아 외, 「국내 식품 보존료의 위해평가 사례 연구」, 『식품과학과 산업』,
　　　　2003년 6월.

조봉민, 「식품사건, 단편적 · 감정적인 대응이 문제키워」, 『식품저널』, 2006년 8월.

조성진, 「롯데제과, 전제품에 '트랜스지방 제로' 선언……함량표시 전격 시행」,
　　　　『한국재경신문』, 2007년 1월 12일.

조 슈워츠,『장난꾸러기 돼지들의 화학피크닉』, 바다출판사, 2002년.

크리스토퍼 완제크,『불량의학』, 열대림, 2006년.

하상도 외,「색소의 허와 실」,『식품과학과 산업』, 한국식품과학회, 2005년 12월.

하재호,「우리나라의 식품안전성 문제의 현황과 연구방향」,『식품과학과 산업』,
    2005년 6월.

한국소비자보호원,「10대 청소년 가공식품 섭취 줄여야!」,『뉴스와이어』, 2006년
    1월 12일.

___________,「시중 어린이 음료, 당류 함량 탄산음료보다 많거나 비슷」,
    『뉴스와이어』, 2005년 12월 20일.

___________,「일부 씨리얼 제품, 설탕·소금량 지나치게 많고」,『소비자안
    전넷소식』, 2004년 3월 1일.

___________,「당류 함량 표시 없어 제품 선택시 정보 미흡」,『소비자안전
    넷소식』2004년 1월 30일.

___________,「스낵과자류 지방·염분 등 함량 높다」,『소비자안전넷
    소식』, 2005년 5월 30일.

___________,「주요 인스턴트 식품의 나트륨 함량 실태 조사 결과」, 한국소
    비자보호원, 1999년 9월 8일.

CJ패밀리클럽, www.cjfamilyclub.co.kr

MBC TV 드라마「허준」

3장

고원배 외,『화장품 화학』, 수문사, 2002년.

구둘래, 「얼굴에 독을 바르실래요?」, 『한겨레21』, 2006년 9월 01일.

김봉기, 「무방부제 천연 화장품에서 방부제 및 세균 검출」, 『환경뉴스』, 2005년 11월 3일.

김상훈, 「'효모 화장품' 믿을 만합니까?」, 『동아일보』, 2005년 2월 28일.

______, 「유기농 화장품, 모두 믿지 마세요」, 『동아일보』, 2006년 5월 18일.

김솔아 외, 「헤나 문신 염료 안전실태조사」, 소비자보호원, 2019년

노영석, 「자외선 막으면 10년은 젊어진다」, 『동아일보』, 2006년 6월 12일.

녹색소비자연대, 「서울경기지역 15곳 피부과의원의 화장품 판매 실태 조사」, 녹색소비자연대, 2003년 8월 25일.

로빈 베이커, 『달걀껍질 속의 과학』, 몸과마음, 2003년.

박희정, 「30대 女외모관리 20대보다 더 투자」, 『한국일보』, 2006년 3월 14일.

서한기, 「화장품 모든 성분 표시 의무화 추진」, 『연합뉴스』, 2006년 9월 10일.

식품의약품안전청 자료, 「자외선과 자외선차단화장품에 대하여 알아봅시다」, www.kfda.go.kr, 2005년 7월 21일.

신현재, 『엔자임 효소와 건강』, 이채, 2005년.

오자와 다카하루, 『화장품, 얼굴에 독을 발라라』, 미토스, 2006년.

폴라 비가운, 『나없이 화장품사러 가지마라』, 소담출판사, 2004년.

한국소비자보호원, 「기능성 화장품 표시. 광고 과장 많다」, 『연합뉴스』, 2002년 12월 28일.

현덕수, 「헤나문신 조심하세요!」, YTN, 2005년 7월 27일.

4장

김상연, 「'우유 설사' 걱정 끝…유당분해효소 들어있는 우유」, 『동아일보』, 2003년
　　　3월 19일.

김상훈, 「우유, 고혈압등 성인병 예방에도 좋아」, 『동아일보』, 2004년 7월 26일.

김소윤, 「쇠고기 등 일부 육류에서 잔류 항생제 검출」, 한국소비자보호원, 2006년
　　　9월 6일.

김희원, 「저지방우유 올들어 판매급증」, 『서울경제신문』, 2005년 6월 29일.

디르크 막사이너·미하엘 미에르쉬, 『오해와 오류의 환경 신화』, 랜덤하우스중앙,
　　　2006년.

신동호, 「인간은 고기 좋아하는 잡식성 동물」, 『과학동아』, 2002년 3월.

안은주, 「"프리미엄 우유, 조사하면 다 나와!"」, 『시사저널』, 2006년 4월.

R. 네스 외 『인간은 왜 병에 걸리는가』, 사이언스북스, 2005년.

위규석 외, 「소아알레르기 및 호흡기」 『소아알레르기 및 호흡기학회』, 2004년 1월.

윤현숙, 「거창지역 중·고등학생의 우유 섭취실태, 우유에 대한 인식 및 지식조사」,
　　　『대한영양사협회 학술지』, 2006년.

이진한, 「[의사-약사 부부 둘째아이 키우기] 우유, 두유 뭘 먹일까」, 『동아일보』,
　　　2006년 3월 27일.

존로빈스, 『음식혁명』, 시공사, 2002년.

진현석, 『아이의 식탁에서 우유를 지켜라』, 랜던하우스중앙, 2006년.

크리스토퍼 완제크, 『불량의학』, 열대림, 2006년.

프랭크 오스키, 『오래 살고 싶으면 우유 절대로 마시지 마라』, 이지북, 2003년.

한국소비자보호원, 「웰빙 강조한 우유, 당 함량 높고, 색소·착향료 표시 안 해」,

『연합뉴스』, 2005년 6월 9일.

허경택, 『우유를 마시면 왜 속이 거북할까?』, 유한문화사, 2000년.

홍혜걸, 「[홍혜걸 객원의학전문기자의 우리집주치의]-우유를 안 드신다고요?」,

　　　『중앙일보』, 2006년 10월 1일.

황성수, 『곰탕이 건강을 말아먹는다』, 동도원, 2006년.

5장

국제암연구센터(IARC), www.iarc.fr

김현주, 「술잔 돌리기, 국 함께 떠먹기 고쳐야 암 줄인다」, 『주간조선』, 2004년

　　　10월 13일.

디르크 막사이너·미하엘 미에르쉬, 『오해와 오류의 환경 신화』, 랜덤하우스중앙,

　　　2006년.

리처드 로즈, 『죽음의 향연』, 사이언스북스, 2006년.

마크 제롬 월터스, 『에코데믹, 새로운 전염병이 몰려온다』, 북갤럽, 2004년.

박건영, 「보약 못지않은 녹황색 채소」, 『과학동아』, 2005년 3월.

대한영양사협회, 「먹을거리 논쟁 - 대한영양사협회에게 듣는다」, 『과학동아』,

　　　2002년 3월.

식품의약품안전청, www.kfda.go.kr

신동호, 「육식이냐 채식이냐 - 음식전쟁 인간은 고기 좋아하는 잡식성 동물」, 『과

　　　학동아』, 2002년 3월.

유승흠, 「의학자 114인이 내다보는 의학의 미래(상) 삶이 달라지고 있다」, 한국의

　　　학원, 2003년 3월 19일.

윤철규, 「육류, 생선에 동물항생제 잔류실태 심각」, 『메디컬투데이』, 2006년 10월 22일.

이광조, 「먹을거리 논쟁 - 채식연합대표에게 듣는다」, 『과학동아』, 2002년 3월.

이성주, 「채식만이 능사 아니다」, 『동아일보』, 2002년 1월 21일.

존 로빈스, 『음식혁명』, 시공사, 2002년.

한국바이닐환경협의회, www.ikovec.or.kr

환경보건전망(Environmental Health Perspectives), www.ehponline.org

6장

김대병, 「건강기능식품 기준 및 규격 관리제도」, 『식품과학과 산업』, 2004년 3월.

김종수·임기섭, 「건강기능식품의 국가관리체계」, 『식품과학과 산업』, 한국식품
과학회, 2004년 3월.

김상훈, 「콜라겐 먹으면 주름이 펴진다?」, 『동아일보』, 2003년 2월 23일.

김상환, 「관절염. 무리한 운동 삼가고 가벼운 산책을」, 『동아일보』, 2005년 10월 24일.

박진경·손숙미, 「시중에서 유통되는 건강식품의 종류에 관한 연구」, 『대한영양
사협회 학술지』, 2004년.

서민, 『헬리코박터를 위한 변명』, 다밋, 2005년.

소비자보호원, 「건강식품 광고, 근거 없이 질병 예방·치료 효과 과장 많아」,
www.cpb.or.kr, 2003년 8월 6일.

신효선, 『식품의 건강강조표시』, 효일, 2006년.

우도 폴머, 『건강상식 오류사전』, 경당, 2006년.

월터 C. 월렛, 『하버드 메디컬 스쿨이 차려주는 웰빙 푸드』, 동아일보사, 2004년.

예르크 치틀라우, 『비타민 쇼크』, 21세기북스, 2005년.

이상중,「미용식품의 국내외 시장동향」,『식품과학과산업』, 한국식품과학회, 2005년 6월.

이진한,「건강식품, 알고 먹으면 藥 소문 믿으면 禍」,『동아일보』, 2003년 3월 23일.

______,「'약효' 인정받은 건강식품은 없다」,『동아일보』, 2002년 7월 29일.

임승환,「소비자보호원 통신판매, 허위·과장광고 많다」, YTN경제, 2006년 1월 20일.

임호준,「"에취~" 걸렸다 하면 비타민C······ 효과는 글쎄?」,『조선일보』, 2005년 5월 10일.

______,「건강보조식품 어떤 것이 좋은가」,『조선일보』, 2003년 3월 25일.

제미경 외,「건강관련식품 구매 후 소비자의 불만호소행동」,『대한가정학회』 2005년.

조수경,「건강기능식품 표시제도 개선 시급」,『환경일보』, 2005년 10월 14일.

크리스토퍼 완제크,『불량의학』, 열대림, 2006년.

한국건강기능식품협회, www.khsa.or.kr

황인규,「피부노화와 먹을 수 있는 화장품」,『식품과학과 산업』, 한국식품과학회, 2002년 9월.

7장

강기성,「[국민논단―강기성] 전력료 이대로 좋은가」,『국민일보』, 2006년 8월 28일.

김봉준,「2020년까지 발전설비 3442만kW 확충」, 에너지데일리(www.energydaily.co.kr), 2006년 12월 12일.

김인수,「미래주택 키워드는 '친환경·가족'」,『매일경제』, 2007년 3월 4일.

남권형,「2020년까지 발전설비 3442만kW 확충」,『전기신문』, 2006년 12월 13일.

서세욱, 「재생가능에너지보급배경과 보급지원책: EU·일본·한국의 비교분석」, 에너지기술정보서비스(http://www.etis.net), 2005년 2월.

에너지관리공단 신재생에너지센터, www.energy.or.kr

연합뉴스 보도자료, 「[염동연의원실] 신재생에너지 기술개발 열악……선진국 대비 65%에 불과」, 『연합뉴스』, 2006년 10월 13일.

이재호, 「"신·재생에너지 특혜 없애라"」, 『내일신문』, 2006년 10월 13일.

이창훈 외, 『신재생에너지전력 시장활성화방안 연구』, 한국환경정책평가연구원, 2005년 12월.

장효진, 「중단된 난산 풍력사업 해법은 없는가?」, 에너지데일리(www.energydaily.co.kr), 2007년 2월 23일.

정혁훈, 「낯선 용어 '신재생에너지'」, 『매일경제』, 2006년 10월 8일.

최지석, 「차세대 에너지로 각광받는 태양광발전시스템」, 『INTERNATIONAL』(www.international121.com), 2007년 3월 4일.

하시모토 타카시, 『전지의 과학』, 아카데미서적, 2000년.

한국전기공사협회, www.keca.or.kr

8장

과학기술부 한국원자력안전기술원, 『원자력안전 백서』, 과학기술부, 2004년.

로베르 사두르니, 『기후』, 영림카디널, 2003년.

리차드 블랙, 「Cleaner air makes brighter skies」, BBC News(www.news.bbc.co.uk).

앨런 E. 월터, 『마리 퀴리의 위대한 유산』, 미래의창, 2006년.

이근대 외, 「사후처리비용과 원자력발전의 경제성 평가」, 에너지경제 연구원, 2006년.

이원걸, 「방폐장 부지 결정, 그 후」, 『내일신문』, 2006년 11월 3일.

이재기, 「체르노빌 원전사고 10년의 회고」, 『방사선방어학회』, 1996년.

이필렬, 『에너지 대안을 찾아서』, 창작과비평사, 1999년.

방사성폐기물관리, www.4energy.co.kr

비외른 롬보르, 『회의적 환경주의자』, 에코리브르, 2003년.

실베스트르 위에, 『기후의 반란』, 궁리, 2002년.

연합뉴스, 「[기획탐구]이상기후와 지구온난화② 지구온난화 논란」, 『연합뉴스』, 2006년 9월 8일.

장 폴 크루아제, 『사막에 펭귄이? 허풍도 심하시네』, 앨피, 2005년.

조성경, 『핵폐기장 뒤집어 보기』, 삼성경제연구소, 2005년.

팀 플래너리, 『기후 창조자』, 황금나침반, 2006년.

9장

기 소르망, 『진보와 그의 적들』, 문학과의식, 2003년.

김일방, 『환경윤리의 쟁점』, 서광사, 2005년.

김정수, 「환경부, 시멘트업계 '배려' 이유는」, 『한겨레』, 2006년 9월 14일.

남준기, 「소각장 '열에너지 회수' 확대 논란」, 『내일신문』, 2006년 7월 27일.

디르크 막사이너·미하엘 미에르쉬, 『오해와 오류의 환경 신화』, 랜덤하우스중앙, 2006년.

비외른 롬보르, 『회의적 환경주의자』, 에코리브르, 2003년.

서울특별시자원회수시설, www.rrf.seoul.go.kr

이상돈, 『비판적 환경주의자』, 브레인북스, 2006년.

잭홀랜드, 『환경위기의 진실』, 에코리브르, 2006년.

조성경, 『핵폐기장 뒤집어보기』, 삼성경제연구소, 2005년.

존 엠슬리, 『화학의 변명』(3권), 사이언스북스, 2000년.

존 플라이슈만 외, 『과학이 몰랐던 과학』, 들린아침, 2004년.

진정일, 『진정일의 교실밖 화학이야기』, 양문, 2006년.

함께하는 시민행동, www.action.or.kr

홍욱희, 『위기의 환경주의 오류의 환경정책』, 지성사, 2006년.

광고 속에 숨어 있는 과학

펴낸날	초판 1쇄	2010년 4월 30일
	초판 7쇄	2011년 5월 27일
	개정판 1쇄	2013년 7월 1일
	개정판 12쇄	2023년 5월 8일

지은이	최원석
일러스트레이터	이부용
펴낸이	심만수
펴낸곳	(주)살림출판사
출판등록	1989년 11월 1일 제9-210호

주소	경기도 파주시 광인사길 30
전화	031-955-1350 팩스 031-624-1356
홈페이지	http://www.sallimbooks.com
이메일	book@sallimbooks.com

ISBN	978-89-522-2695-2 44400

살림Friends는 (주)살림출판사의 청소년 브랜드입니다.

※ 값은 뒤표지에 있습니다.
※ 잘못 만들어진 책은 구입하신 서점에서 바꾸어 드립니다.

이 책은 〈과학 엔터테이너 최원석의 새빨간 과학〉의 개정판입니다.